未来科学家科普分级读物（第三辑）

进化中的汽车

小多科学馆 编著 石子儿童书 绘

電子工業出版社
Publishing House of Electronics Industry
北京 · BEIJING

目录

从零件到汽车 · 4

汽车质量进化史 · 14

无人驾驶汽车 · 24

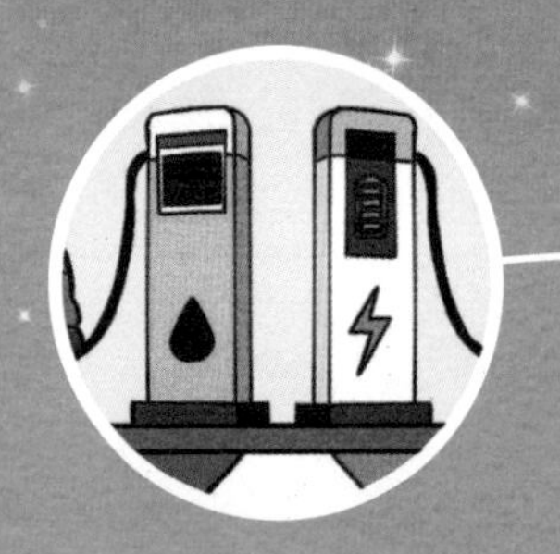

电池——绿色的动力 · 32

从一辆车看到一座城 · 40

汽车飞天梦 · 48

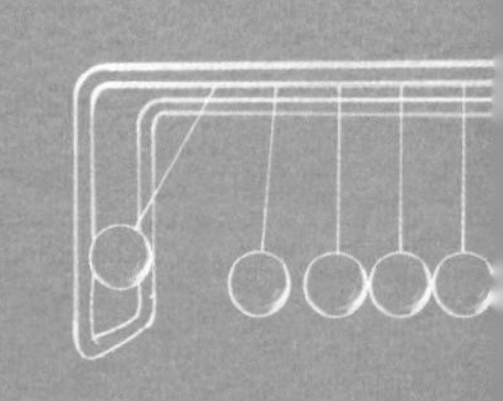

超高速管道车 · 54

未来科学家小测试 · 60

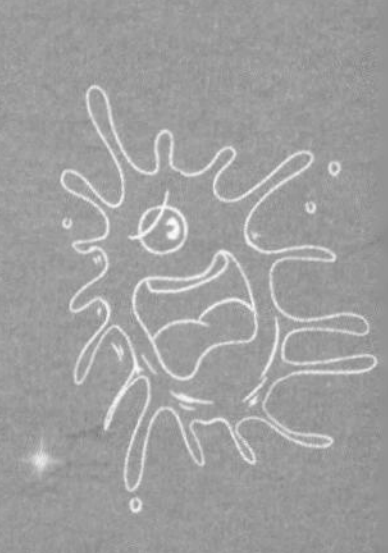

从零件到汽车

劳动分工与流水线

一辆车通常由一堆成卷的钢板或铝合金板拼接而成。最终，这辆车离开工厂，成为现代科技的时尚产品。让卷材蜕变成汽车的，正是现代流水线。

1776 年，亚当 · 斯密发表现代经济学的第一本巨著《国富论》。这本书意义重大，因此亚当 · 斯密的肖像被印在了面值 20 英镑的纸币上。他的肖像旁边是一幅机械化工业生产的情景图，并配有“哪怕是造针，也需要劳动分工”的文字。

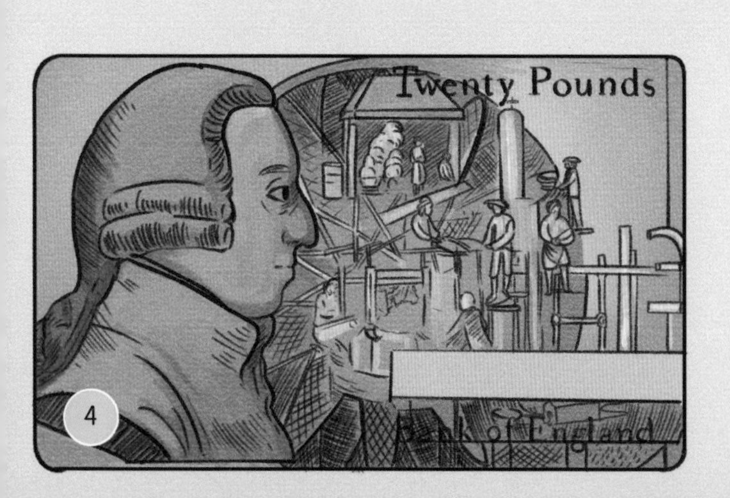

生活在 18 世纪的亚当 · 斯密见证了以劳动分工为特点的生产活动。随后，蒸汽机的普及让劳动分工能集中在一起，能量来源不再局限于人力、水能和风能。然后，工业流水线出现了。

20 世纪初的美国，一位名叫亨利 · 福特的企业家成为应用流水线模式的第一人，他利用流水线制造的汽车不但价格便宜，而且生产周期短。

流水线现在依然存在。不同的是，很多步骤由机器来完成，每一种机器就负责某一项工作，这样可以将流水线的标准化工艺做到极致，而且极大提高效率。

工程师解密流水线

一位经验丰富的汽车工程师说，制造汽车大致需要经过五个主要阶段。

首先，开卷落料，把卷材切成一块块金属板，也叫“坯料”。坯料被送进冲压设备中。冲压的过程也就是用模具将坯料冲压成型的过程。坯料经过拉伸、弯曲形成车身的组件。

第二个阶段是焊接和组装。在这个阶段，经过冲压的组件会经过许多不同的工序，然后被焊接在一起，密封制成车身。这些工序都在一个中央传送带上进行，这样的设计保证了流水作业。每辆车到达某个工作台时，传送带就会停下来。工人或机器人在传送带旁边，随着传送带向前移动的节奏，依次完成任务。

组装好的车身紧接着进入第三个阶段——漆色。在这个阶段，汽车要先进行一次彻底的清洁，除去车上所有的灰尘、碎屑等。

然后对汽车的金属部件进行保护处理——让它们带电。这个步骤尤为重要，因为之后车身会被送到涂装车间喷漆。油漆中的电荷与车身所带电荷相反，能够形成一层光滑的保护膜。另外，打蜡也可以进一步保护车子不被腐蚀。

接着，汽车进入第四个阶段。这一阶段的工作极其密集，汽车的全部部件都在此时被装入车外壳里，包括底板、座椅、仪表盘、挡风玻璃和发动机等。首先，车的外壳会被送到一个工作台，一个机器人将发动机放入车的头部（某些类型的车是装在尾部）。然后，另一个机器人负责将发动机焊接在合适位置。接着，车被传送到下一个工作台，以相似的方式安装座椅，之后是轮胎、车门。最后，一个工人会在油门踏板下放上地垫，另外的工人则负责安装塑料面板。

以上步骤完成后，汽车进入第五阶段——质量检测。汽车会被送上另一组传送带进行测试，从舱体的防水到发动机的运转都要接受检查。之后，全新的汽车便被运出厂房，送到顾客手中。

零部件的标准化

上一节说的是单独一座工厂的流水线。在现实生活中，单个的工厂是更大规模流水线的一部分。因为并不是所有的部件都是由一个厂商制造的。为汽车制造商提供零部件的工厂遍布世界各地。

这种分工的前提是标准化生产。标准化是指每个工厂都采用统一的设计标准，生产出的部件能适用于所有相关的产品。电器插头就是典型例子，它们规格统一，都符合国家电网的要求。

标准化生产基于已建立的标准。亨利·莫兹利被称为“标准化之父”，他设计了一种能车出螺丝钉螺纹的车床，生产的每个螺丝钉都有相同的螺纹。这也促进了互相匹配的螺母和螺栓的诞生。

标准化的螺母和螺栓产生了深远影响：

1. 对设计师和制造商来说，找到一个完美适配的螺母变得容易了；

2. 设计师和制造商明确地知道在产品上钻什么尺寸的孔来安装螺栓；

3. 螺母、螺栓尺寸众多，可以根据需要选择尺寸。

在标准化的过程中，通用零件的诞生，促进了规模化汽车流水线的诞生。

“标准化之父”亨利·莫兹利

通用零件

通用零件这一概念由来已久，后来由一名叫伊莱·惠特尼的制枪者在美国推广开来。当时，他正寻找机会向美国军队兜售枪械。他将 10 把由通用零件拼装的枪支拆开并打散，然后将这些打乱的零件重新拼装，结果 10 把枪全都运作良好。

对军队来说，这种枪的优势显而易见。如果一把枪损坏了，不需要专门定制部件，从备用零件包中就可以拿出相应的零件替换。

这个理念为汽车制造业带来了巨大变革。过去汽车的部件要一个一个地打磨，必须确保每个部件都符合特定要求，如果装不上就要重新调整。现在则不用这么麻烦了，因为人们设计出来的部件都是通用的。组装这些部件就像拼积木，可以轻松搭建出整个产品，只不过拼积木不需要焊接。

汽车部件——小到螺丝，大到计算机控制板、发动机，分别生产后被统一运到工厂，通过不同工序装配在一起。比如，车身会在同一条线上生产，而底盘在另一条线上生产，之后被送到一起组装。

通用零件使一家公司生产的部件能为其他公司所用。今天，一辆车的部件来自不同的汽车公司，尤其是那些你看不到的部件。有些汽车除车身和车标不同外，其他可能是一样的。

未来的流水线

美国福特汽车公司首次革新流水线前，汽车完全依靠人工组装。而今天，自动化占据了半壁江山。自动化在各个分区有不同程度的体现，不过最主要的还是在车身制造车间，精确率和速度在这里至关重要。每个环节都会有若干机器人持续工作，尽管如此，人工仍然是不可或缺的，因为如此高程度的自动化需要大量的维护专家。

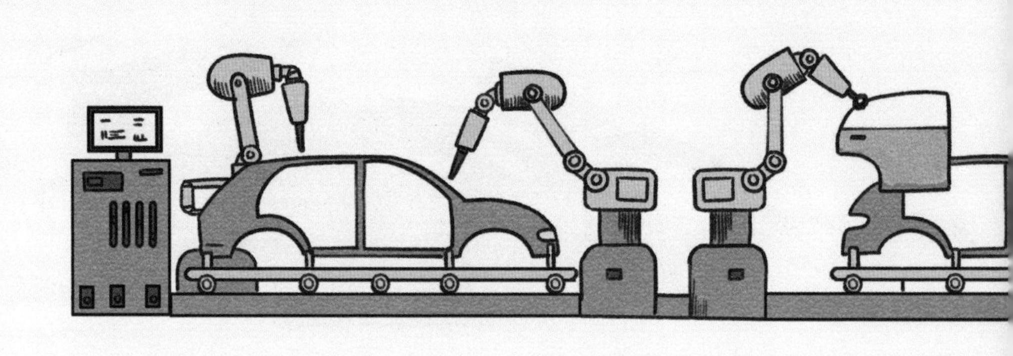

未来的流水线将更灵活地迎合产品的多样化。智能工具将提高产品质量，并将质量控制也并入流水线。未来科研人员一定能够研发出新的材料，改变现有的设计和制造业。未来的流水线也必须对越来越多的塑料和铝合金部件有更好的适应性，这需要应用全新的技术。我们研发了新的聚合物用以制造轻量车身板材和外饰，并且致力于提高整个生产过程中机器人的精确性，以及监测生产水平和把控生产质量。随着技术的进步，我们期待着这样的未来：卷材到达工厂，经过一条没有任何人工参与的流水线后，被制成一辆辆无人驾驶汽车后，自行开到客户那里。

汽车质量进化史

笨重的第一辆“汽”车

提到历史上第一辆能自行运转的车，人们通常认为是尼古拉斯 · 约瑟夫 · 柯诺特于 1768 年发明的蒸汽机车。这辆车由蒸汽驱动，它仅有三个轮子、一把椅子和一台发动机。尽管没有装载什么豪华的设备，它依旧身体笨重，行动迟缓。它的总质量达 2500 千克，实用性极差。

你可能会问，为什么它的构造那么简单，却比一辆现代汽车还重呢？因为它有蒸汽发动机。力能改变物体的速度。如果你推一块砖，砖移动了，你推的那一下就对砖生成了一个力。对蒸汽机车来说，发动机带动车轮旋转，让汽车前进。蒸汽发动机将液态水转化为水蒸气产生的压力作为驱动力。但是，柯诺特的发动机无法有效率地控制压力，汽车连几英里（1 英里 ≈ 1.61 千米）的时速都达不到，而且携带不了多少燃料，只能行驶很短的距离。总而言之，就是水和煤太多太重，发动机却无法有效地将能量转化为动力。汽车发动机的最大功率和自身质量的比值称为“功率质量比”或“比功率”，简称“功重比”。功率反映的是发动机产生力的能力。质量是物体中物质的量，由物体中存在的原子的数量和类型决定，单位是千克。在日常生活及工程应用中，人们常常用“重量”这个词来表示质量。功重比是反映发动机性能的主要参数。

实用也看质量

加速度 = 力 ÷ 质量

这个公式告诉我们，如果想要提高一辆汽车的加速度，要么增大发动机产生的力，要么减小汽车的质量。

如果质量减小，产生同样的加速度需要的力就会减少，汽车克服摩擦力、保持同样速度前进所需的动力也会随之减小。因此，质量越小的车，产生同样的速度所消耗的燃料越少，车主所花费的金钱也越少。

在柯诺特研发的蒸汽机车问世后的几十年里，蒸汽发动机的工作效率日益提高，驱动汽车的发动机的体积越来越大、质量越来越重、动力也越来越强劲。在铁路上，动力强大的蒸汽发动机能带动数百吨的重物行进数百千米。

可惜在马路上，蒸汽机车却没有那么高的效率。少数原型车已经被造了出来，但作为运输工具，它们的效率仍然比不上马车。庞大的发动机让它们过于笨重，在道路上行进变得尤为危险。所以，蒸汽机车一直遭受冷遇，直到内燃机的出现，汽车进化之路才真正启程。

早期的内燃机汽车质量非常小，比如诞生于德国的世界上第一辆实际投入使用的汽车——“奔驰一号”，其发动机的质量仅为 100 千克，且只需要一小油箱汽油就可以运转。但可惜的是，它产生的动力也只有 2 ~ 3 马力（1 马力≈ 735.5 瓦）。

“奔驰一号”既没有顶棚也没有窗户，它只有 1 把座椅、3 个轮子和一个类似自行车车把的转向装置。与此同时，这辆车的发动机功率只有现代汽车的 1/10 甚至 1/100，但是它的功重比却有了大幅提高，这也是它成为一款“实用车”的原因。

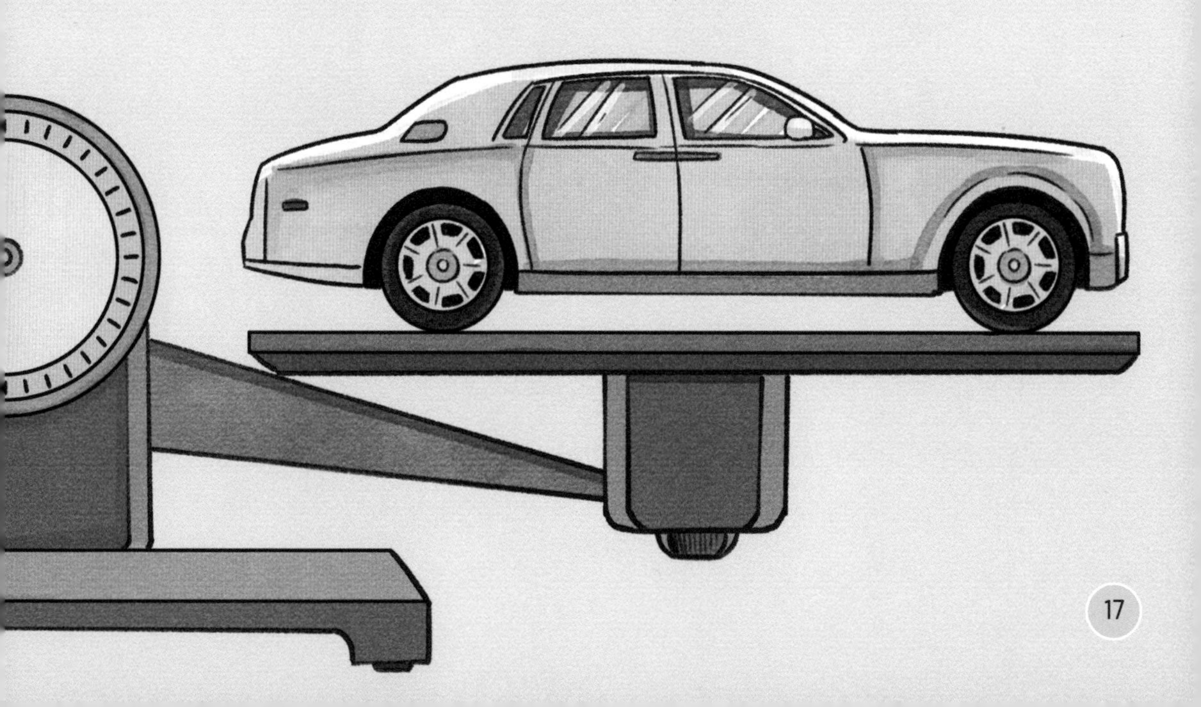

更大更好也更沉

“奔驰一号”的轻盈身姿并没有维持多久。随着人们对汽车舒适度、安全性、动力性方面要求的提高，各种功能性的零部件纷纷上场。有些部件可以改善舒适度，比如车顶棚、挡风玻璃、座椅；有些部件则是出于安全考虑，比如安全带、更复杂的刹车系统、缓冲部件（在撞击过程中吸收一部分冲击力）；还有的部件是为了提高驾驶效率，比如采用液压系统的动力方向盘、新增加的电子仪器及仪表盘、更宽的轮胎。此外，还有一些汽车关键部件的进化，比如变速器和排挡提升了将发动机动力传递到车轮的效率，悬挂系统承受了经过坎坷路面的冲击。这些部件都给汽车增加了质量，但决定现代汽车质量的关键因素并不是它们。

1931 年的凯迪拉克V-16

发动机的进化让汽车质量发生了翻天覆地的变化。在 20 世纪 30 年代，人们能买到搭载“V-16”发动机的轿车。“16”代表汽缸的数量。对现在的汽车来说，这个数字很大。今天的小型汽车通常是 4 缸，甚至是 2 缸。搭载“V-16”发动机的轿车重达 3000 千克。

当然，发动机越大，动力就越强，虽然汽车车身更重了，但行驶速度还是会更快。1908 年问世的福特 T 型车的质量达到 540 千克（约是一辆现代普通轿车的二分之一），功率仅 20 马力（约是一辆现代普通轿车的六分之一），发动机也变得强大而高效。

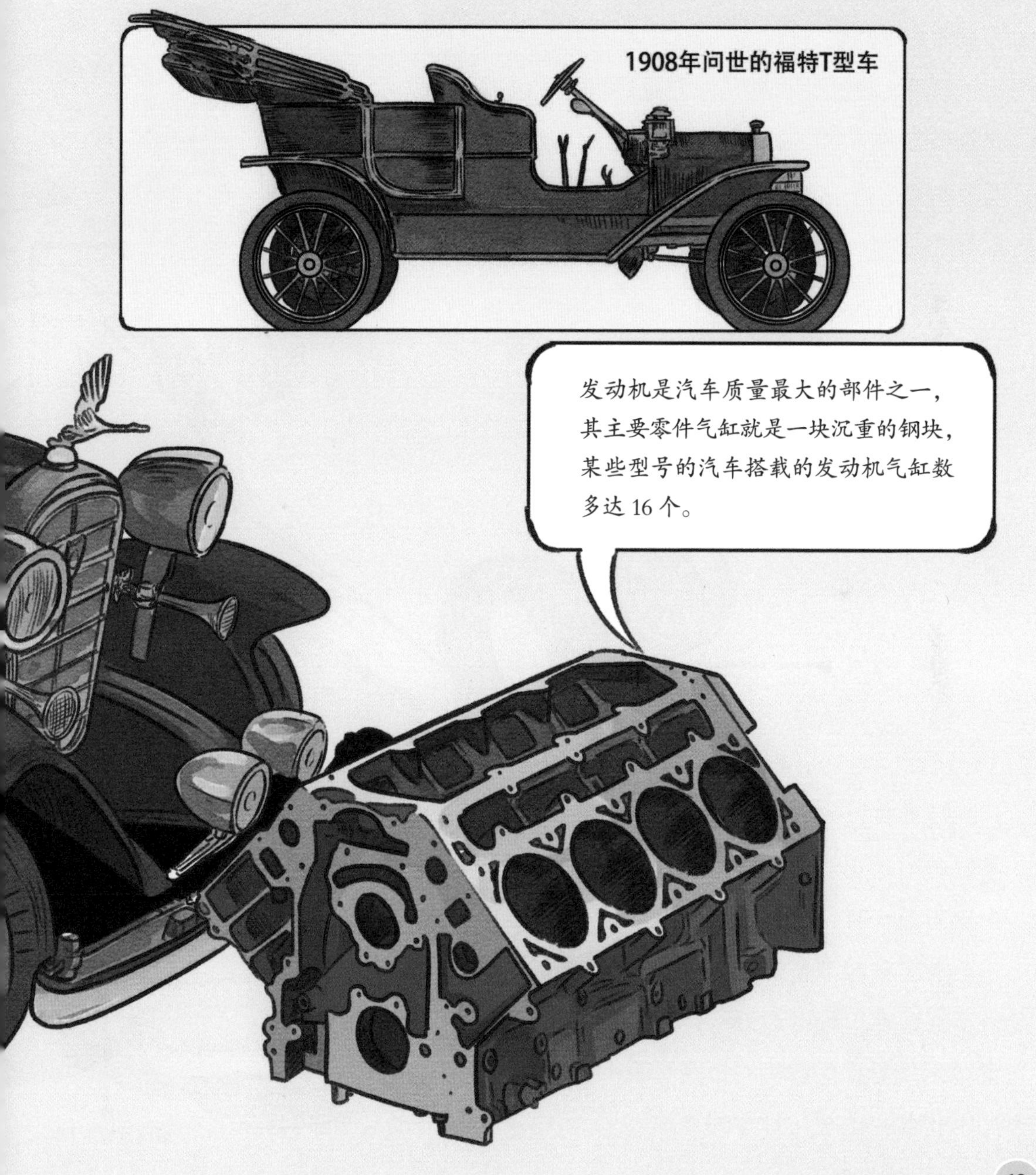

1908年问世的福特T型车
发动机是汽车质量最大的部件之一，其主要零件气缸就是一块沉重的钢块，某些型号的汽车搭载的发动机气缸数多达 16 个。

减重与反弹

在第二次世界大战后的数十年里，发动机在性能方面的突破微乎其微。新型发动机的研发和设计成本越来越高，但在增加马力方面收效甚微。这时，人们仍然想要改善汽车的性能，获得更强的动力。那么，当时的设计师是如何从其他方面提升汽车速度的呢？

设计师的目标从提升发动机动力变成了在不移除原有部件的前提下为车身减重。变速器、足够多的座椅、能保证全家安全的安全气囊等部件一个都没有少，只不过通通要减重。

在汽车发明的早期，人们通常用简化汽车机械部件的方法来减小质量。比如，用自动控制的阻风门、离合器和曲轴取代手动控制系统。

后来，汽车部件变得更加精密，有些部件被更先进、更轻便的设备取代。不过，人们更期待在完全不改变汽车部件设计的情况下减小汽车质量。

随着科技取得了重大突破，更轻的材料出现了，塑料就是其中重要的一种。“亚克力”这种透明而坚硬的塑料最先取代了为汽车挡风的二氧化硅玻璃。如今，塑料无处不在，座椅内衬是用尼龙制作的，这是一种塑料纤维；

仪表盘是用PVC（聚氯乙烯，一种有点像细皮革的塑料）包裹聚氨基甲酸乙酯（一种软塑料）制作而成的；车身则用丙烯酸树脂（一种透明而坚硬的涂料）涂装。这些新材料的质量要比原来的小不少。

车身中的铝材现在也开始被碳纤维取代，框架结构则由铝合金制成。其中，碳纤维因质量小、强度高而备受瞩目。碳纤维与树脂等混合在一起，可以形成复合材料。比如碳纤维增强聚合物（通常也称碳纤维），这种复合材料具有非常高的比强度。由于成本很高，目前只有赛车和某些高端汽车选用碳纤维。

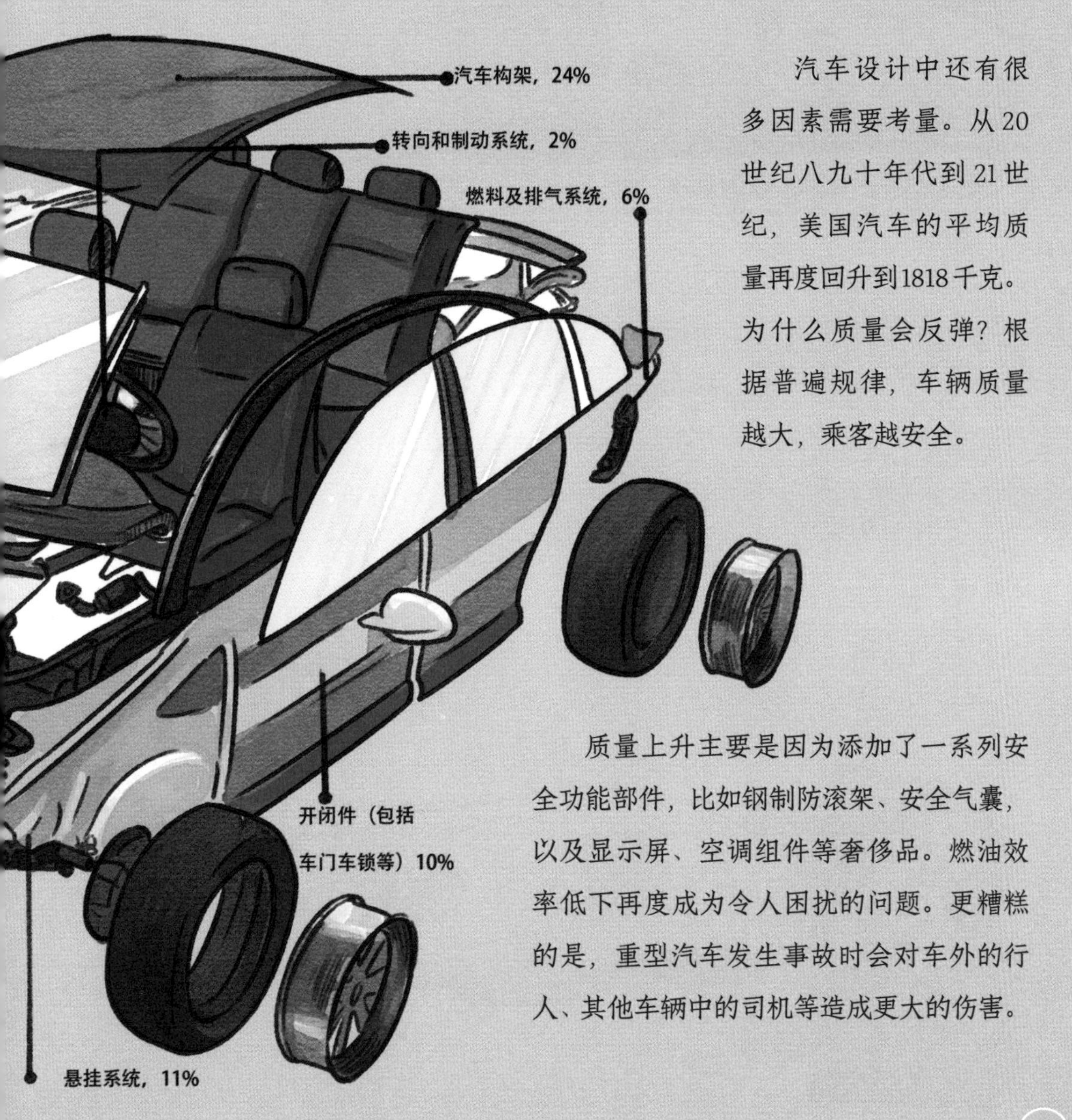

汽车设计中还有很多因素需要考量。从20世纪八九十年代到21世纪，美国汽车的平均质量再度回升到1818千克。为什么质量会反弹？根据普遍规律，车辆质量越大，乘客越安全。

质量上升主要是因为添加了一系列安全功能部件，比如钢制防滚架、安全气囊，以及显示屏、空调组件等奢侈品。燃油效率低下再度成为令人困扰的问题。更糟糕的是，重型汽车发生事故时会对车外的行人、其他车辆中的司机等造成更大的伤害。

科学的加减法

新车在增重的同时也意味着所需燃料增加，继而温室气体排放增多，最终导致全球变暖加剧。解决这个问题要靠科学技术的发展。一些科学家正在探索新的燃料，还有一些在研究怎么能减少汽车的油耗。

“Microjoule”绕赤道一周仅需10.63升汽油

每年，荷兰皇家壳牌石油公司都会举办一场以环保为主题的“壳牌汽车环保马拉松”比赛。参赛队伍面临的挑战是：设计一辆能用 1 升汽油行驶得足够远的汽车。目前的纪录保持者是名为 Microjoule（微焦）的碳纤维汽车。它仅靠 1 升汽油就能行驶 3771 千米。如此非比寻常的性能到底是怎么实现的呢？参加环保马拉松的科学家小组通过三种方法来实现燃油的高效：第一种是研发出效率更高的发动机；第二种是通过加速管理控制发动机开启的时长；第三种是尽可能地让车身形状呈流线型。汽车是有能力进行惊人距离的旅行的，很大程度上，这种能力来自“轻”。首先尽可能地甩掉一些部件，然后使必不可少的部件的材料都尽可能最轻。进入比赛的多数汽车质量小于 45 千克，Microjoule 的质量仅略大于 35 千克。

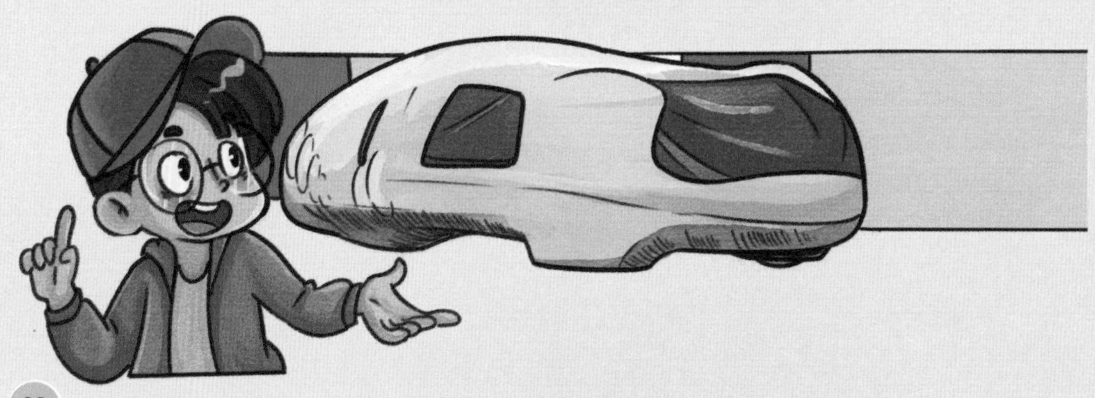

Microjoule 的车身由碳纤维制成，既轻便又强韧。它的速度相对较低，平均时速仅有 24 千米，这样汽车制造者就可以扔掉安全气囊和防滚架等沉重的安全部件。也因为质量小，Microjoule 的车轮比大多数汽车窄，和比赛用自行车的轮子宽度差不多。质量减少，车与地面的摩擦力也减少了。

最后一项至关重要的因素是外形，设计师为 Microjoule 设计了能将空气阻力最小化的外形，连轮子都覆上了雨滴形状的外壳，并被几乎贴着地面包裹起来。种种元素相加，成就了一台高效的汽车。

也许在未来，我们都会驾驶着精巧的汽车，它们更高效、更小巧、更安全，最重要的是——轻。

无人驾驶汽车

一辆无人驾驶汽车的自白

我是无人驾驶汽车，也叫自动驾驶汽车。即使没有驾驶员，我也能把你送到目的地。

我有“眼睛”“耳朵”“大脑”。作为最牛、最新、最拉风的汽车科技成果，我的“眼睛”当然要长在“头顶”上啦。这只“眼睛”有一个很高大上的封号，叫作“360度无死角、60米内明察秋毫、激光探测与测量电子眼”。这只“眼睛”可以像二郎神的眼睛一样发光，发出64束激光射线，扫描半径60米范围内的环境。它每秒钟可读取130万次数据。激光碰到车辆周围的物体表面后反射回来，我就可以计算出车身与物体的距离，生成周围环境的精确地图。它可以算是功能最全的“眼睛”了，不过目前造价还比较昂贵。

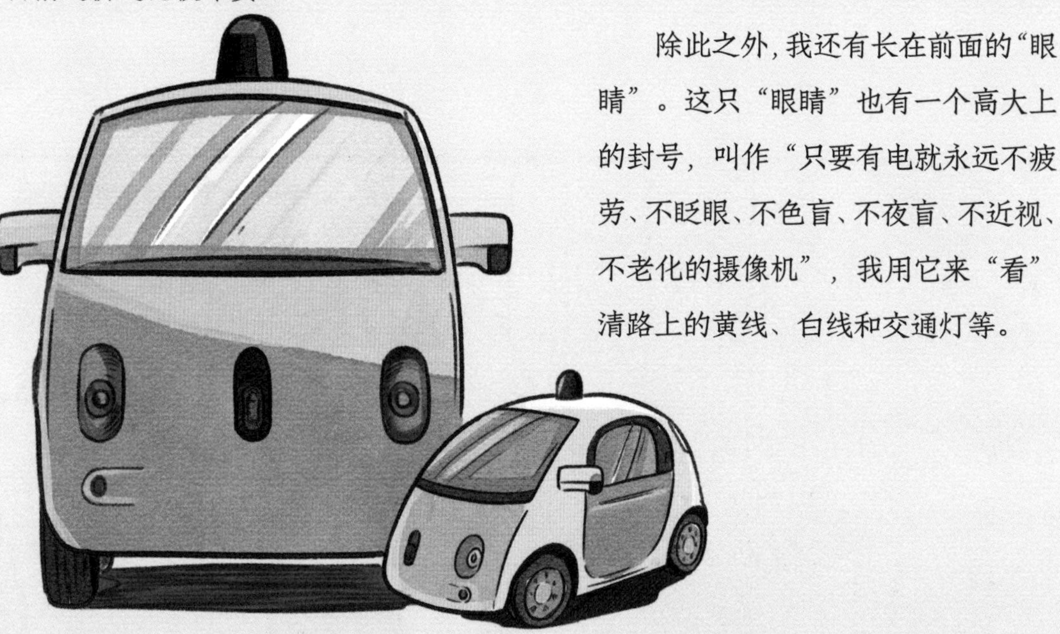

除此之外，我还有长在前面的“眼睛”。这只“眼睛”也有一个高大上的封号，叫作“只要有电就永远不疲劳、不眨眼、不色盲、不夜盲、不近视、不老化的摄像机”，我用它来“看”清路上的黄线、白线和交通灯等。

我的“耳朵”长在前后保险杠上。它们当然也有高大上的名字，叫作“细听八方、全天候雷达加声呐系统”。雷达系统可以侦测远达200米的障碍物，声呐是6米，它们可以对周边物体的实时速度进行追踪。声呐信号的探测范围比较窄，但能精确地测出车辆间的距离，而且能计算出前后方车辆的车速，并反馈给系统，进而进行刹车等操作。由于是“听”的，所有影响“视线”的大雨、大雾、夜晚等因素，都不会对它有什么影响。

接着，就是我的“大脑”。它将数据中心与智能软件连在一起，成为一台超级电脑，所有“感官”数据在这里汇合。有了这台超级电脑，我就可以将探测到的大量数据和数据中心的地图相结合，智能地做出不同的数据模型，例如“看懂”交通灯、识别人行道和障碍物等，并模拟人的思维对相应交通状况做出向左转、向右转、加速、减速、变道、倒车等正确反应。

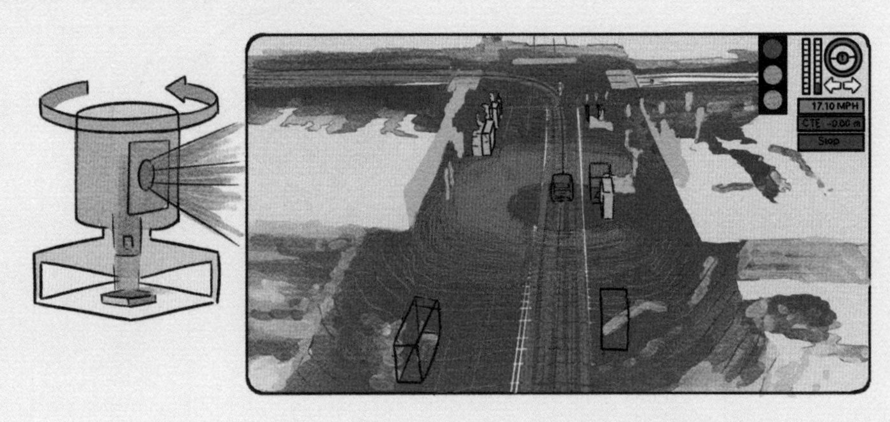

这些“眼睛”“耳朵”和“大脑”使得我能明察秋毫、耳听八方、果敢决断，大大减少交通事故的发生。当然，我现在还不能识别路上的障碍物到底是一张纸还是一块石头，碰上临时设置的交通灯、井盖被盗、便衣警察挥手拦车等突发情况，我还不能机智应对。

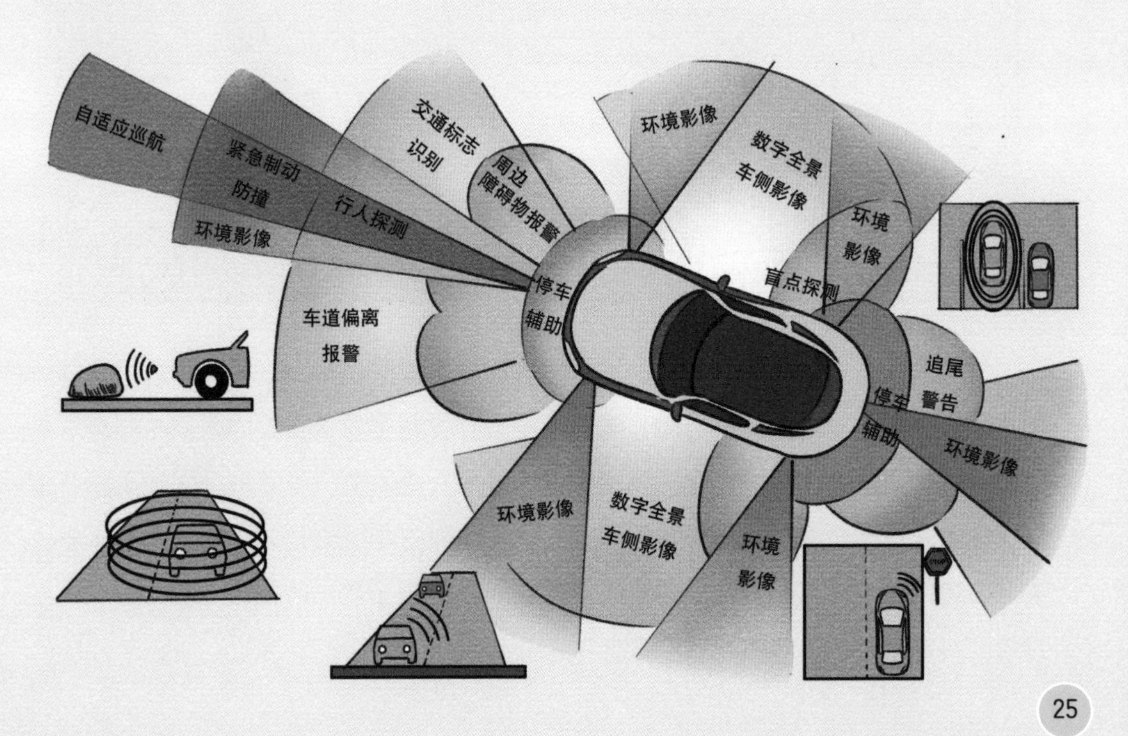

闯了祸谁负责

作为“新新车类”，人们最初对无人驾驶汽车是持怀疑态度的。所以，科研人员一开始并不是让电脑全盘操控汽车，而是采用“以人为主、以车为辅”的策略。慢慢地，无人驾驶汽车展现出了应对各种情况的能力，也积累了经验，人们就把操控权交给电脑，只有在紧急情况下才收回控制权。

但是，现有的法律都是针对驾驶员的，比如：驾驶员控制汽车，他对汽车的行为和事故负责。当没有驾驶员时，谁对汽车的行为和事故负责？如果汽车超速了，或者一不留神撞上其他汽车了，该追究谁的责任？是由制造汽车的公司还是编写控制软件的程序员负责任？如果是因为网速太慢导致汽车收到信号太晚来不及刹车，要不要追究通信公司的责任？如果有黑客闯入，控制了汽车的超级电脑，对车发出错误的指令，是不是该抓住这个黑客？

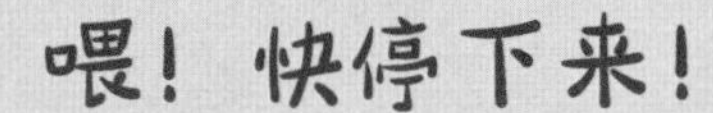

解决涉及自动驾驶汽车的法律问题，一定比解决人类的要简单。根据已有经验，总结各种事故可能性，制定出公平的规则就可以了。比如，最早推广无人驾驶汽车的美国加利福尼亚州，就在 2015 年做出一个提议，要求无人驾驶汽车中必须有人坐在驾驶位上。当然，提议一出，就引起很大争论。

自动驾驶先行

现在，一批无人驾驶汽车已经出现道路上了，但因为面临着道路实测、法律法规等问题，所以离正式商用还有一段时间。但在这之前，你仍然可以体验到自动驾驶技术带来的便捷，这就是自动驾驶功能。一批汽车制造商已经开始测试自家汽车的自动驾驶功能。想想看，自动刹车、自动泊车、自适应巡航、车道探测等功能如果都能实现，汽车自己在马路上行驶就呼之欲出了。需要注意的是，自动驾驶与无人驾驶不同，它只是汽车的辅助功能，车辆的控制权还是在人的手中。

GPS(全球定位系统)，可以帮助汽车确定其所在位置，让汽车不会在陌生的道路上迷路，也不会因为忙乱或粗心大意在高速公路上选错出口。

（车载）激光测距仪，可以发射64束激光射线，扫描半径60多米范围的环境。电脑根据激光从发出到碰到障碍物后反射回来的时间计算出物体的距离。

后置摄像头，提供车辆后方的实时影像，减少盲区。

汽车后视镜的附近有一个摄像机，用来观察路上的黄线、白线和交通灯等。

超声波传感器，用于感测靠近车身的高速移动的物体。

轮胎胎压监测传感器，可以监测轮胎气压，保障行驶安全。

中央控制器，其实是一台专门的电脑，是无人驾驶汽车的控制中心。

车载雷达系统，可以精确地测出车距，而且能计算出前后方车辆的车速。有的系统还配有声呐，可以免受其他电子设备的干扰。

无人驾驶汽车的探测器和作用

一些汽车制造商在新款汽车的操作选项中增加了自动驾驶模式，使汽车可以实现自动车道保持、自动变道和自动泊车等功能。这些功能的实现是有条件的，就是驾驶员要负一定责任，比如，手不能离开方向盘、注意观察周围情况等。

在配有自动驾驶系统的汽车内，驾驶员按了一下方向盘上的一个按钮，随后双手离开方向盘，双脚也离开了油门和制动踏板，安心地坐在驾驶座上。这时仪表盘上的速度表和转速表发出了绿色的光，并显示目前汽车正由电子设备操控。只见方向盘自己转动着，让汽车时刻保持在车道内安全地行驶，并且汽车始终保持着与前车的安全距离。

无人驾驶车总动员

在全世界范围内，已经有来自中国、德国等国家的至少 18 家企业宣布进入无人驾驶汽车的研发阶段。现在，我们可以从各大公司的“概念车”中瞥见无人驾驶汽车的端倪。比如，奔驰的无人驾驶概念车 F015，采用氢燃料电池供能。该车设计豪华，更像一个包厢，四人面对而坐，可以在里面舒适地聊天、下棋、看电视。如果你仍然想找到以前手握方向盘、脚踩油门的感觉，只要把座椅转过来，夺回操控权就是了。

沃尔沃公司正在研发 Drive Me 系统，它的目标就是使用雷达、摄像头和激光探测器生成 360 度实时景物图，实现无人监控的自动驾驶。驾驶员可以安心地阅读报纸、上网等，不用掌控方向盘、刹车和油门。

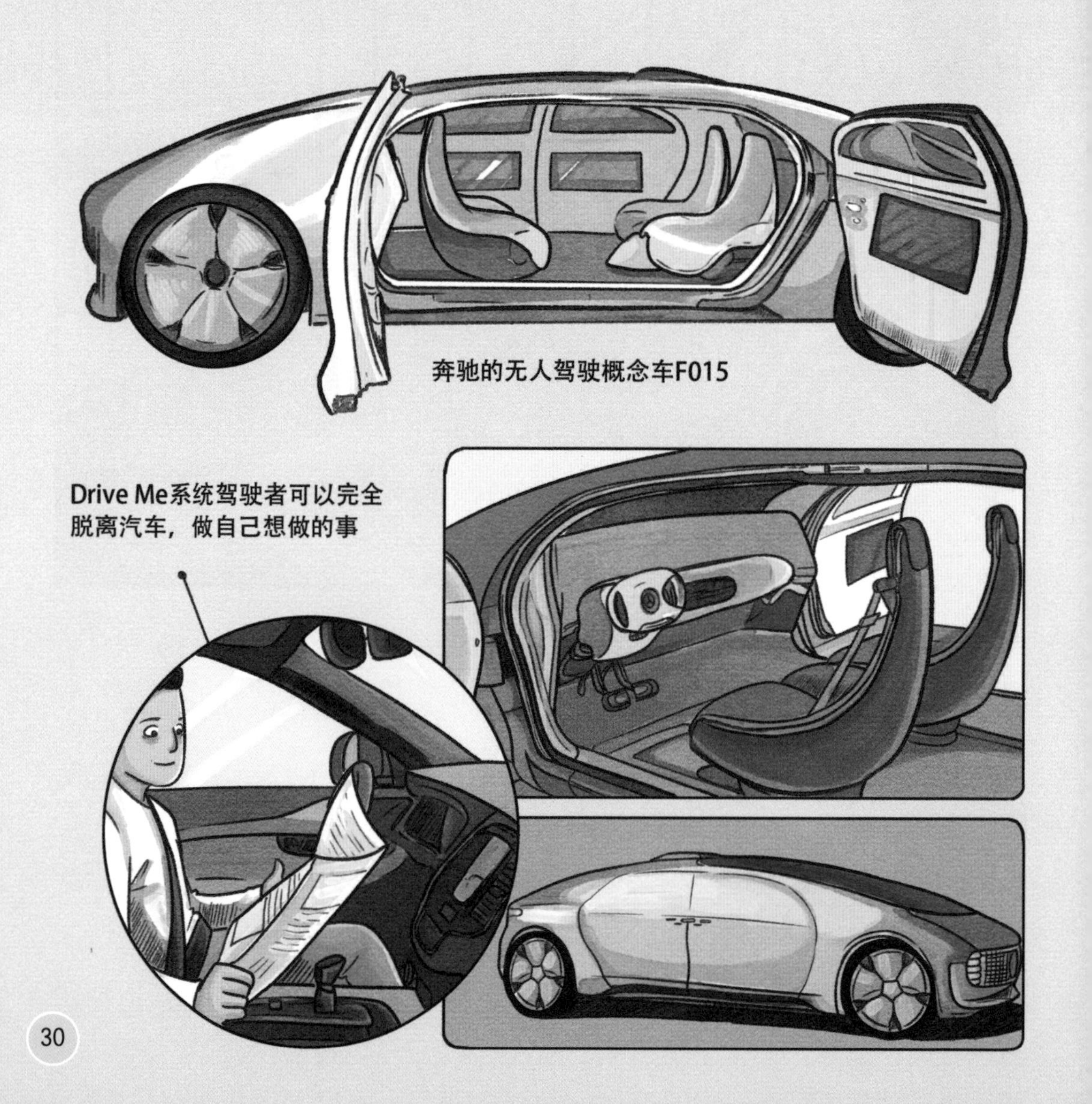
奔驰的无人驾驶概念车F015

Drive Me系统驾驶者可以完全脱离汽车，做自己想做的事林斯比得汽车公司正在研发无人驾驶概念车 XchangE。其内部就像一个生活空间，座位是飞机商务舱级别的，前方有 32 英寸的屏幕显示。乘客可以半躺着上网、办公或者玩游戏。

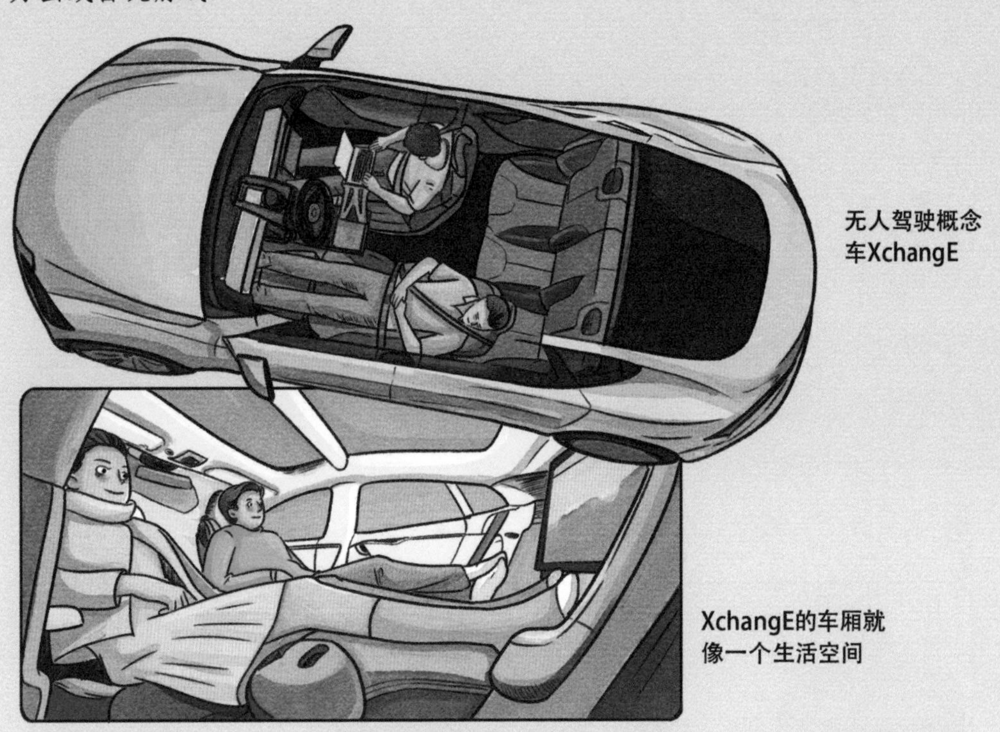

无人驾驶概念车XchangE

XchangE的车厢就像一个生活空间

除此之外，还有个人设计师也展现了对无人驾驶汽车的想象。澳大利亚设计师查尔斯·拉特雷设计了无人驾驶概念车 AUTONOMO。它的车身采用生物可降解材料，并安装了光伏面板和“增强现实”屏幕，还能进行无线充电。汽车还外置了先进的传感器，可以获取并建立实时环境三维数据信息，从而让它在高速行驶模式下也能精准地看清环境细节。通过操作汽车内的计算机系统，人们可以控制 AUTONOMO，完成诸如行驶、监控、感知周围环境和事物等多项任务，并实现车辆之间的信息交流。当这些智能汽车上了高速公路，它们将启动“排队模式”，与其他车辆保持仅 20 厘米的距离，以减小风阻。这样一来，可进一步降低能源消耗。

未来，路上将有更多的无人驾驶汽车。到那时，无人驾驶汽车会成为人们生活的一部分。

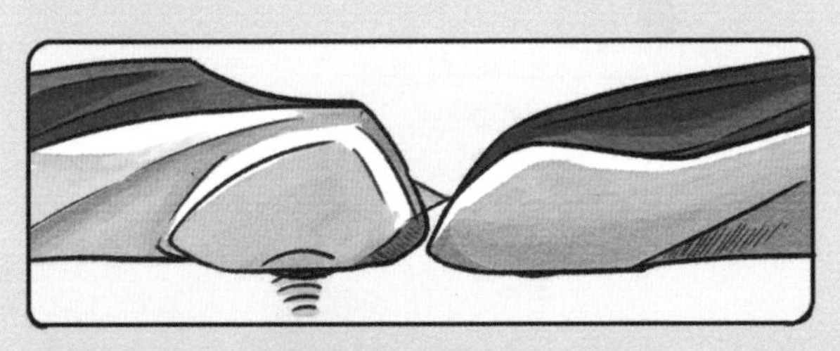

AUTONOMO车身下的装置可以进行无线充电，车前探测器可以近距离测距

电池——绿色的动力

电池史话

电池，就是通过氧化还原反应将化学能直接转化成电能的装置。

1800 年，亚历桑德罗 · 伏特发明了“伏打电堆”。“伏打电堆”展示了电池的基本结构：两个电极和电极间的电解质。化学能和电能的转化就在三者间完成。200 多年来，电池的结构基本没有变化。

“伏打电堆”发明后的 200 多年里，人类一直在寻找和尝试能够发生氧化还原反应的不同正负极、电解质的组合，庞大的电池家族由此产生。

1860 年，普朗泰发明了用铅做电极、硫酸做电解质的蓄电池。这种电池可反复使用，是现在常见的铅酸蓄电池的雏形。

“伏打电堆”由多个单元堆积而成。每一个单元分别有一片锌板和一片铜板，铜为正极，锌为负极。锌板和铜板之间夹着布，布里的盐水作为电解质。

1909 年，爱迪生用碱性溶液代替硫酸，用镍铁做电极，研制出碱性镍铁蓄电池。后来能量更大、使用寿命更长的镍镉电池与镍氢电池就是在此基础上发明的。

1980 年，阿曼德提出“锂离子二次电池”的概念。索尼公司于 1989 年申请了以石油焦为负极、钴酸锂为正极的电池的专利，并于 1990 年开始在市场上推广。现在的手机使用的都是锂离子电池。

第一辆真正意义上的电动汽车于 1881 年在法国问世，采用铅酸蓄电池供电。与内燃机相比，电动机无异味、无噪声、能量转化率高。电动车通常比传统汽车有更高的能源利用率，且可以大大降低二氧化碳、氮氧化物等空气污染物的排放量，减少对环境的污染。

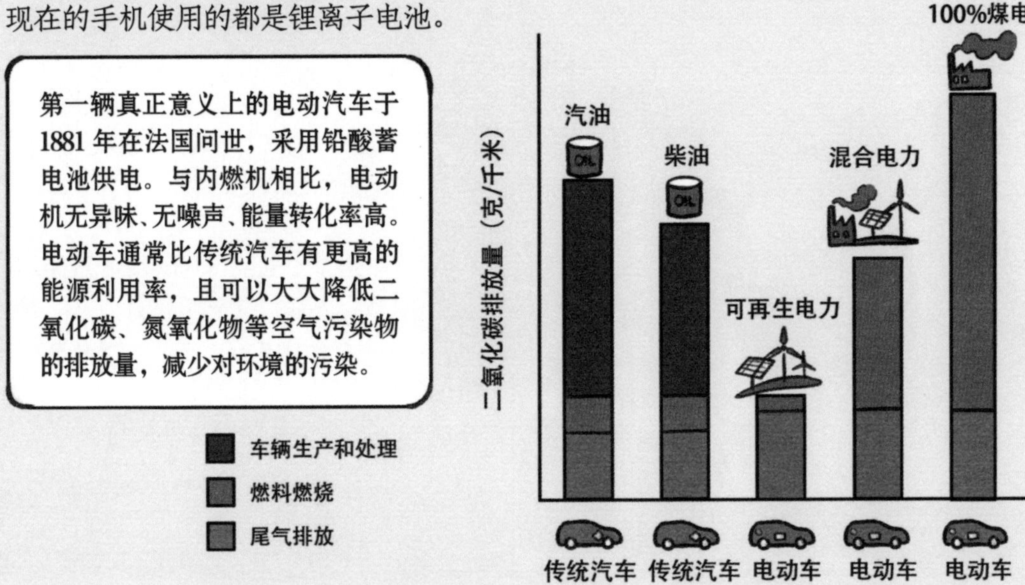

不过，源自石油的碳基燃料的能量密度更高，在体积和质量相同的情况下，燃油汽车的功率更大、行驶里程更长、成本更低，使得百年来燃油汽车迅猛发展，远远超越电动汽车。然而，全世界大量使用燃油汽车，导致二氧化碳过量排放，严重污染了环境，加之石油资源日渐枯竭，使电动汽车得以重新被考虑。因此，目前最具竞争力的电池是锂离子电池和氢燃料电池。

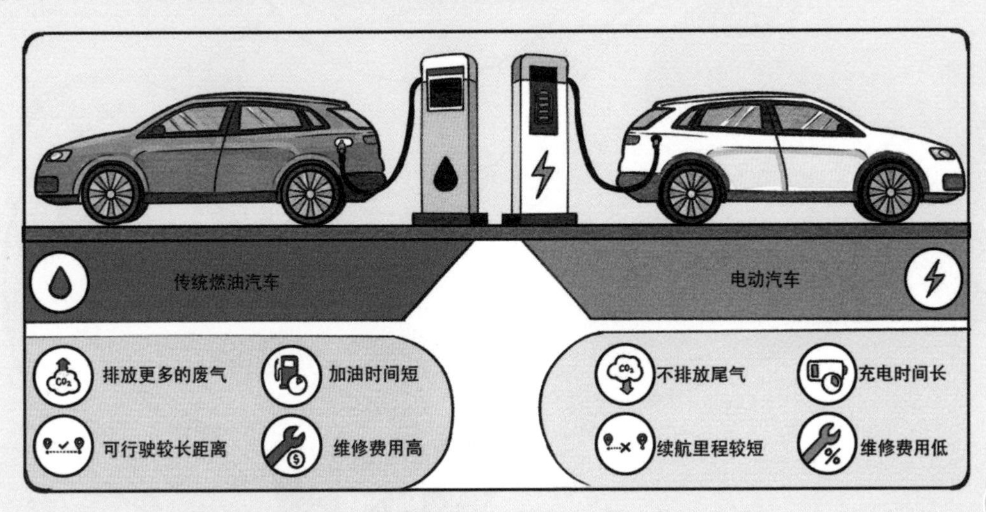

锂离子电池

性能优秀的电池要具备这些条件：高能量密度和高功率密度，较长的循环寿命，较好的充放电性能，且通用性好，便于维护。当然，还要价格便宜，而且环保。

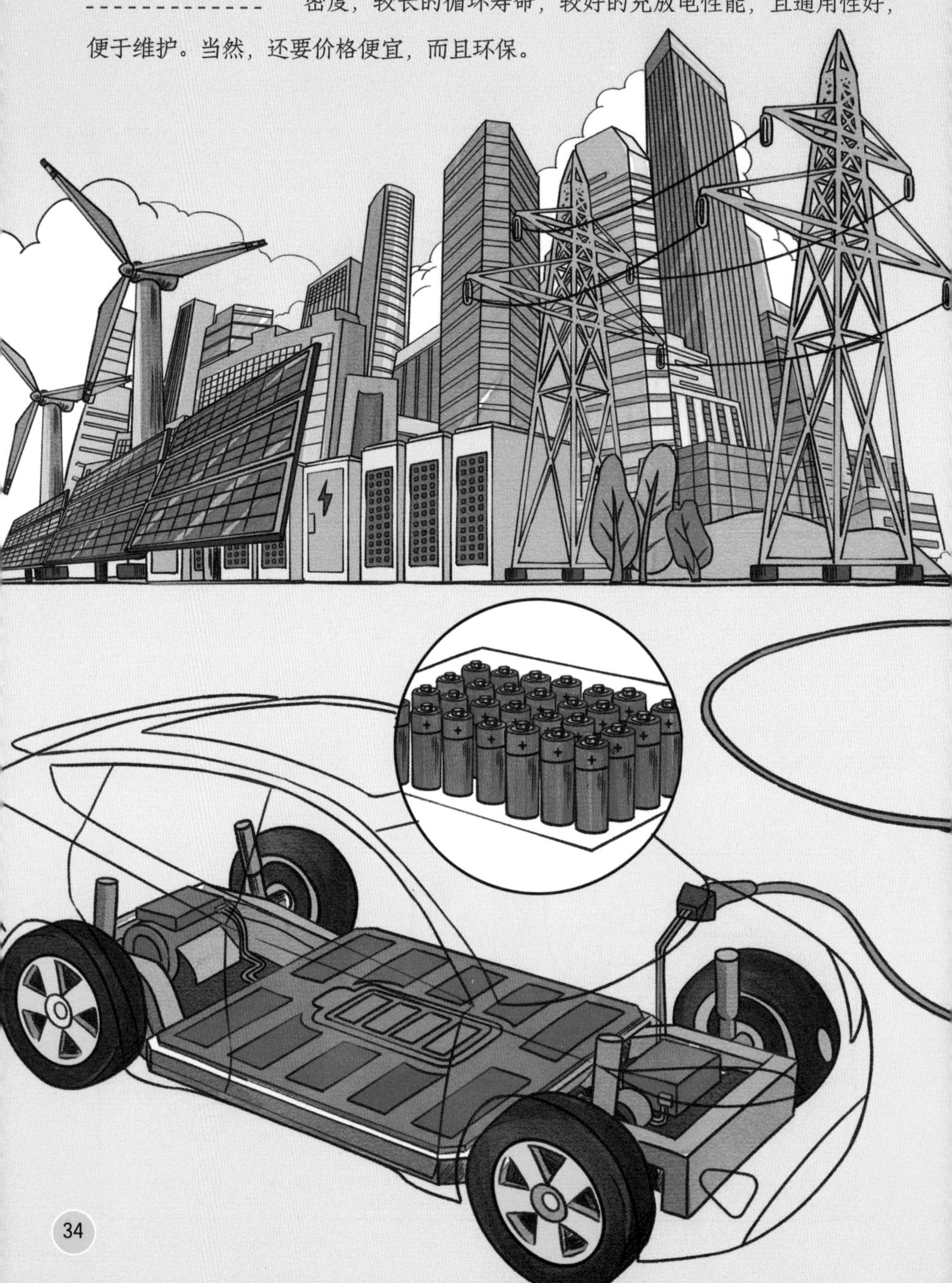

铅酸蓄电池的能量密度与功率密度很低，无法满足电动汽车行驶里程与动力的要求；镍氢电池与镍镉电池能量密度高，且可以快速充电，但是价格较贵；锂离子电池充放电速度快，能量密度高，能多次充放电而且无记忆效应，工作温度范围宽，已经成为主流电池，常应用于电动汽车和航空航天领域。

锂离子电池是怎么工作的呢？

锂离子电池，也叫“锂离子浓度差电池”，就是说在电池里面，由于不同区域的锂离子浓度不一样而导致离子迁移，产生电流。在锂离子电池里，正极采用钴酸锂，负极采用锂-碳层间化合物，电解质为溶解有锂盐的有机溶剂。

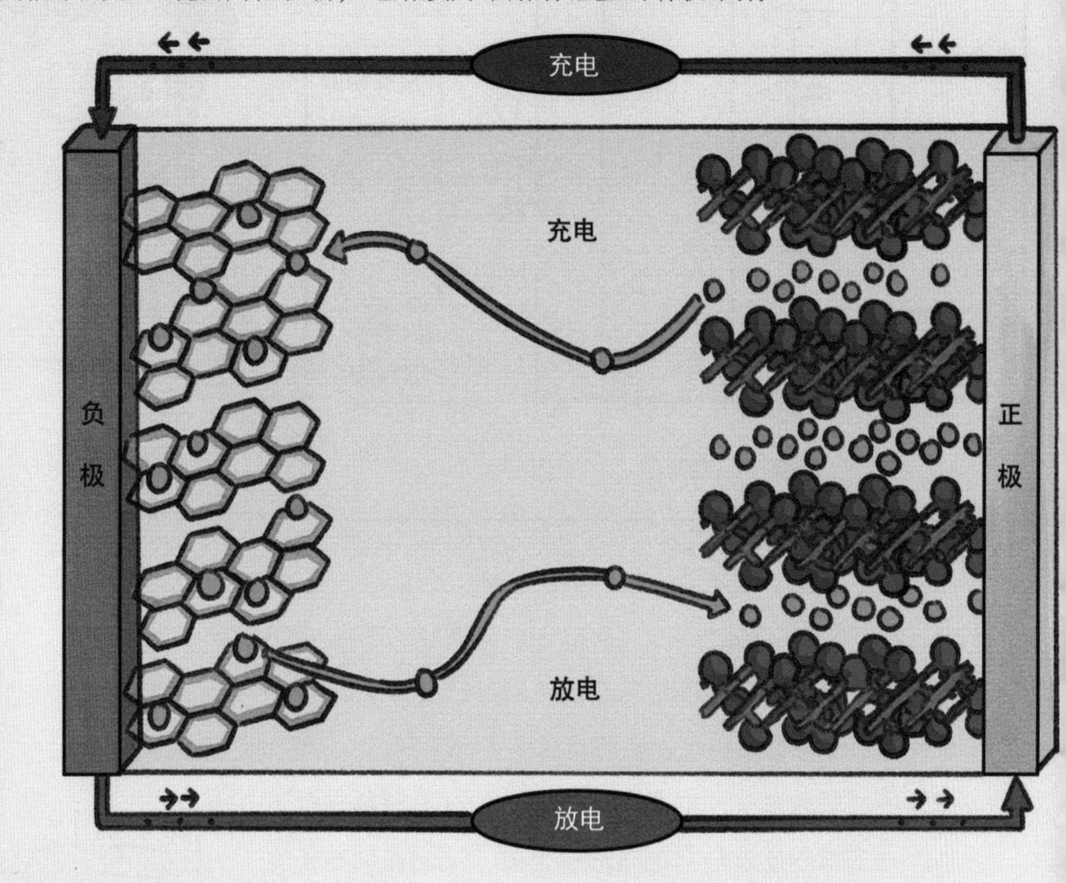

目前锂离子电池基本采用液体电解质，就下一代锂离子电池或锂电池而言，采用固体电解质的固态电池是研究人员的主要研究方向，这是因为固体电解质可以适配高电压正极与金属锂负极以提高容量，且固态电池的结构更加简单。此外，用不可燃的固体替换可燃的液体，是杜绝锂（离子）电池安全隐患的根本途径。目前固体电解质的成本过高，距离商业化仍有很长一段路程。

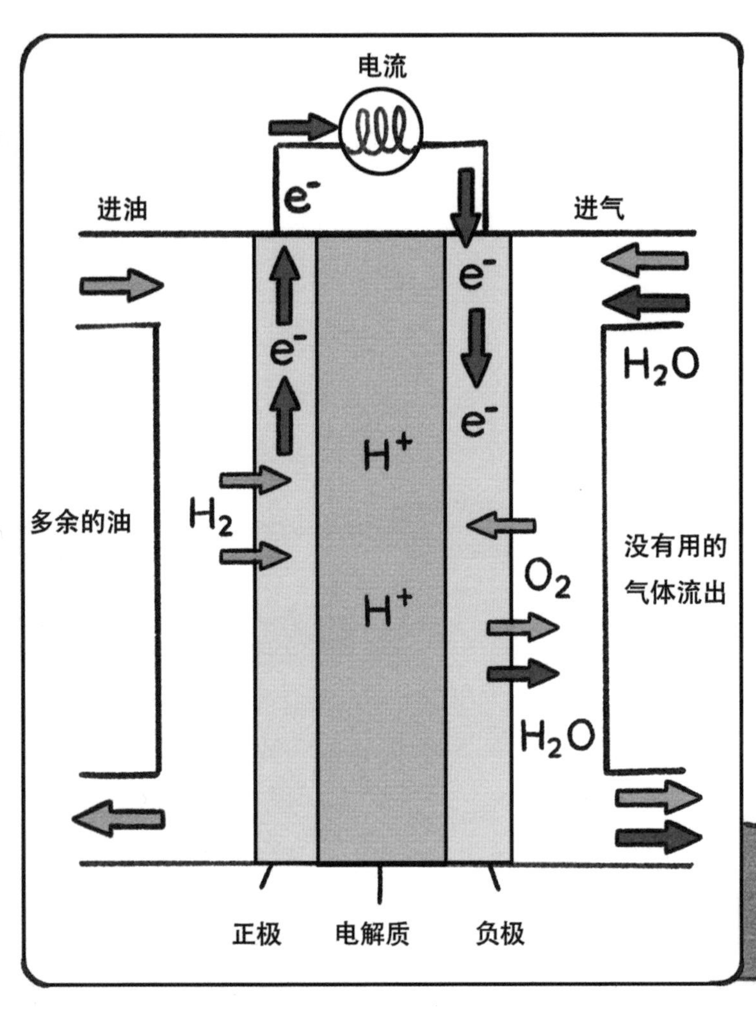

氢燃料电池

另一种更具竞争力的汽车动力电池是氢燃料电池。其工作原理是氢气和氧气经过一定的氧化还原反应将化学能转化为电能。

在中学化学课程里，我们学过这样一个反应：通过电解，水被分解成氢气和氧气。科学家发现，如果把这个过程反过来，让氢气和氧气发生反应，就会产生水和电。氢燃料电池就是利用了这个原理。这种电化学反应，与氢气在氧气中剧烈燃烧发生的反应是完全不同的，只要阳极不断输入氢气，阴极不断输入氧气，电化学反应就会持续不断地进行下去，电子不断流过外部电路形成电流，从而连续不断地为汽车提供电力。

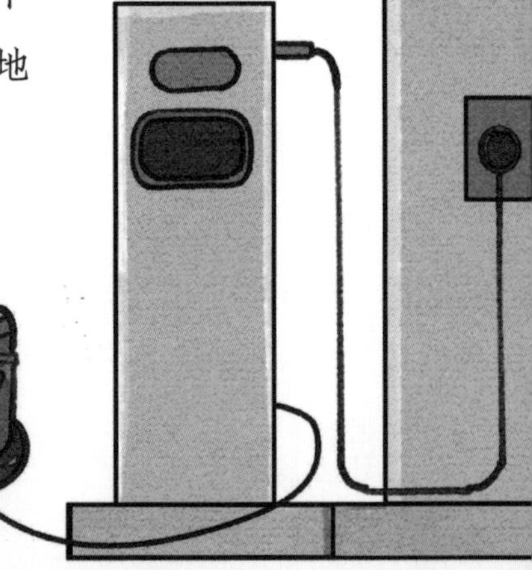

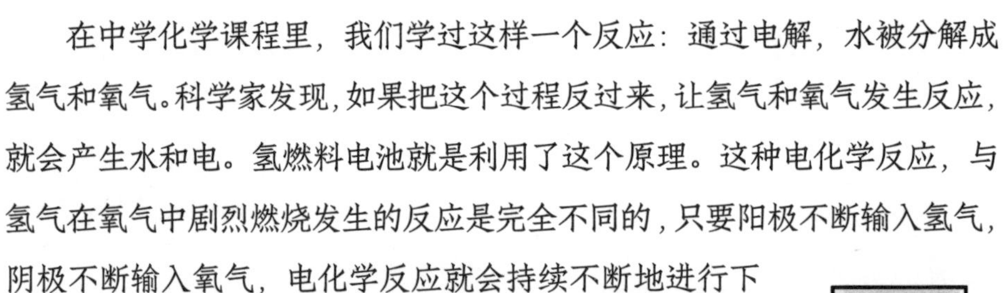

氢气可以通过电解水被大量制取。氢气燃烧的产物是水，不会污染环境。氢能是真正环保的能源。有人甚至提出，氢电池排出的水，是纯净水！驾驶员在沙漠里开着这样的车就不用担心缺水的问题了。

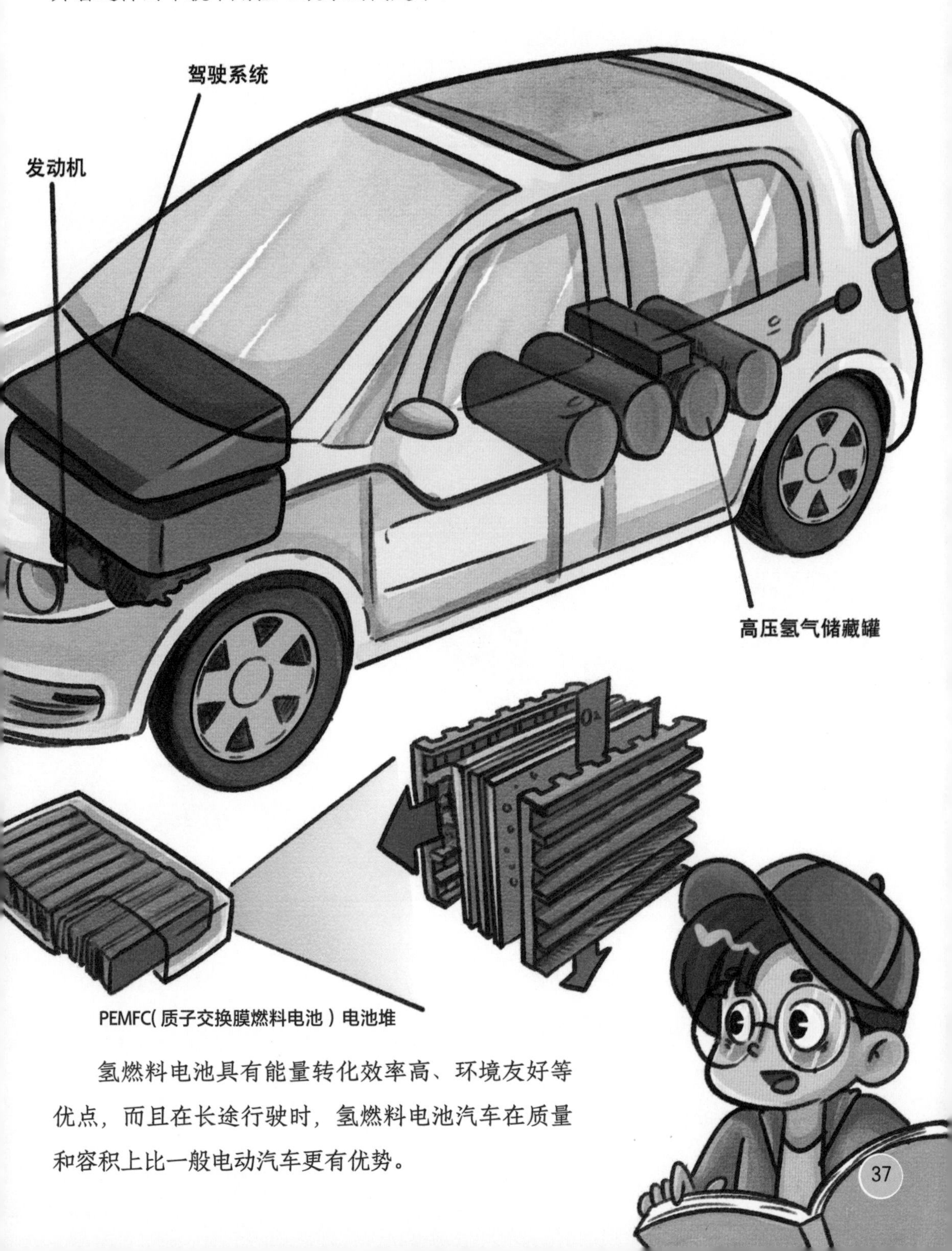

氢燃料电池具有能量转化效率高、环境友好等优点，而且在长途行驶时，氢燃料电池汽车在质量和容积上比一般电动汽车更有优势。

锂离子电池与氢燃料电池

和传统碳基燃油通过燃烧提供的能量相比，目前锂离子电池的能量密度仍然较低。而氢燃料电池可以结合两者的优点，既具备高能量密度，又具备高能量转化效率；考虑到电池系统发热损失的10% ~ 20%，氢燃料电池的理论转化效率可达85%左右，实际转化效率约为40% ~ 50%。

氢燃料电池作为动力电池的突出优点还在于，燃料加注仅需3分钟左右，而锂电池充一次电则要几十分钟至数小时。

一些新概念电池的研发也在如火如荼地进行。“后锂电池”可采用氧气和硫作为正极材料进一步提高电池容量，很多造车企业在尝试“锂空电池”的商业化。

作为“反锂电先锋”的金属 - 空气电池仍处在实验室阶段，或许可以带来更长的续航里程，然而过小的电池功率不一定适用于汽车，且作为一次性电池更适合作为备用电源。2014 年，“Quant e-Sportlimousine”概念车在瑞士日内瓦车展展出，它采用“液流电池”，最高时速可达 380 千米，百千米加速仅 2.8 秒，充满一次电续航里程可达 400 ~ 600 千米，目前已获准在欧洲上路。

盐水电力驱动超级跑车Quant e-Sportlimousine

可以预计，固态锂电池和燃料电池将在未来二分天下。而这一轮的竞赛谁能够跑胜，不仅取决于材料科学的发展，还取决于各国政府和企业对未来能源安全问题的规划与布局。不管怎样，在不久的将来，电动汽车取代燃油汽车是必然的趋势。

从“交谈”获得一手“情报”

现在汽车用的探测器有一个大问题，就是不管是雷达还是激光，它们都只能“看”到没有被遮挡的物体，“看”不到被遮挡的物体。想象一个普通的交通事故场景：驾驶员在路口闯红灯，探测器“看”不到转角或建筑另一边的物体，当驾驶员意识到危险时就太晚了。

如果汽车之间能互通有无呢？汽车通信技术就建立在交流的基础上，它通过专用短程通信传递信息。专用短程通信最初是专门分配给汽车使用的中距离的无线通信频段和一组通信协议，这意味着汽车之间可以通过无线网络进行通信。汽车安装的发射器可以不间断地播报自己的信息，包括车辆所处位置、速度、方向盘的转动、刹车位置等，就像搭载电视、广播、Wi-Fi（无线局域网）信号的无线电波能够穿透建筑物等固体，方圆百米内的车辆只要有接收设备就能收到信号。

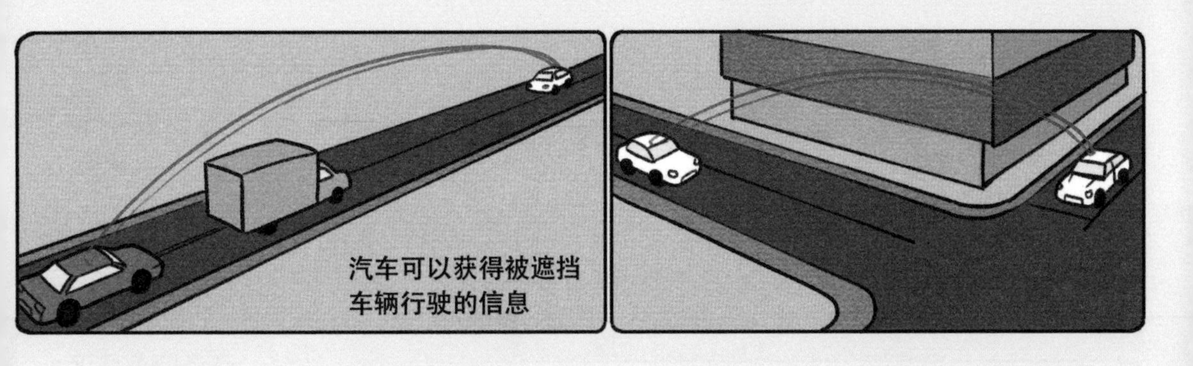

汽车可以获得被遮挡
车辆行驶的信息

这种“交谈”有可能获得连最细心的司机、最敏感的探测器都无法预知的“情报”！接收信息的车辆可以通过“情报”，分析出某个地区存在的威胁，然后通过亮灯、座椅震动、声音提示等方式发出警报。比如，一辆车在刹车的同时会告诉后面的车：“有情况啊，我刹车了！”后方车辆便会自动紧急刹车，这样就可能避免连环相撞。

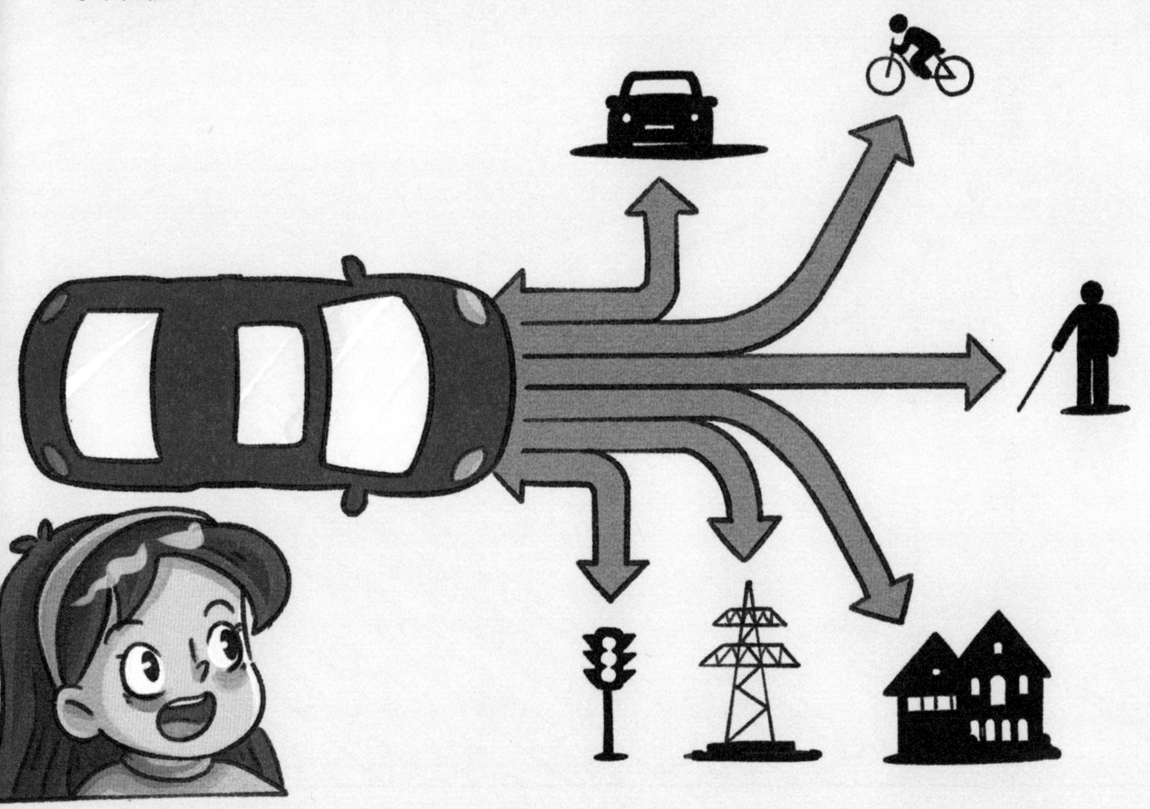

一般来说，无线网络设备的覆盖半径大概是 30 米，而 V2V 应答器可以传播 300 米甚至更远，是无线网络的 10 倍，如果汽车以 100 千米 / 时的速度行驶，也就是能提前 10 秒预警，这已经给大部分思想不集中的驾驶员足够的时间躲避危险了。

形成“情报”网

如果一辆车遇到交通堵塞，运用汽车通信技术，只需要经过5辆车转发，信息就能被发送到1千米之外的车上，这辆车的驾驶员就有足够长的时间来规划新的路线。这相当于“情报”从一传一迅速变成一传百，最后形成一个“情报”网，一辆汽车将从多个车辆接收的信息汇总出一张周围环境的实时数字地图。

车辆之间相互联系能形成一张巨大的“情报”网，每辆车都是继续传递信息的节点或中继站，相当于你手机网络的基站，默默地发送、接收信息，还可以传递来自其他车辆的信号。

当然，要想“情报”网能自主运行，就得先有一套统一的“暗号”。每个节点必须能够理解它所接收的信息。这就需要制造商和政府机构共同合作，制定基础安全类信息的内容和格式，比如车辆速度、位置和行驶方向。还要为更加复杂的信息制定标准，比如油门位置、刹车位置，通过这些标准可以判定一辆车是否在加速或减速，车辆是否准备改变车道，甚至雨刷和车灯是否开启。

此外，如何保证“情报”网的传递通道畅通无阻也是一个关键问题。工程师需要确保车辆接收的信号快速而准确。网络必须跟上这个速度，而且不能有拥堵。一些国家已经留出 5.9 千兆赫频段中 10 兆赫的带宽给 V2V（车辆与车辆之间的通信技术）使用，跟家用无线网络相比，它的带宽减半，传输速度翻倍，利于高速行驶中的车辆之间的通信。

“情报”网的另一大问题就是如何防止“敌人”的入侵。如果犯罪分子侵入“情报”网，就能轻易获得个人信息、汽车信息，甚至可能影响到汽车的一些功能。研究人员正在努力研发加密方式，比如运用公开密钥传递信息，确保车辆通信仅被已认证的接收器理解，这种加密方法已经被用于网上银行交易。

当信号灯加入网络

汽车通信技术能产生很多数据，将这些数据收集起来可以了解整个交通网络的车流量和路况信息。这对交通管理者来说非常有用。

车辆与道路设施之间的通信对于整体的交通管理也有帮助。交通标志牌、信号灯这些设施连接到车辆，不仅可以直接和汽车交流，还可以将收集到的数据输送给中央计算机进行分析。比如，一个驾驶员打开雨刷，有可能是想清除挡风玻璃上的脏东西，但是如果很多车开始使用雨刷，就有可能是下雨或者下雪。如果相同的信息增长到一定数量，再结合其他参数，比如在特定地点车辆的平均速度，不同区域的温度、刹车模式，甚至是转向控制，就能生成实时的路况信息，提前为接近危险区域的驾驶员发布警示、安排扫雪车等。

当信号灯或指示牌加入网络，车辆的行驶也会更加高效和环保。美国的研究人员认为，城市中使用的 17% 的燃料是在等红灯时被浪费的。

20 年之后的未来

汽车通信技术的实现依靠政府的推动和越来越多的汽车制造商参与，如果不是所有车辆都应用该技术，理想中的智能交通要花费很长时间才能建立。

美国安阿伯市试行了汽车通信技术，在 2012 年给 3000 辆汽车安装了实验性的信号发射器。在两年的跟踪观察后，结果显示该技术非常有前景。很多大型汽车制造商的工程师相信它会减少 79% 的交通事故。美国政府正在针对新车制定汽车通信技术相关的强制性法规。

这些技术不仅让驾驶更加安全，而且对整个公共交通设施的建设和人们驾驶习惯带来改变。当这些技术普及时，收费站、传统信号灯等设施可能会完全消失，取而代之的是能发布当地交通信息的新型信号灯。

未来，挡风玻璃不仅是显示屏，而且是控制屏

感应器通过通信找到停车位，并将相关信息快速显示在挡风玻璃上

此外，新型驾驶方式将成为可能。以下图道路情况为例。卡车以 90 千米 / 时的速度行驶，与后车的车距仅 6 米。车队行驶可以降低单辆车受到的风阻，减少燃油消耗，而且可以保证交通顺畅。当刹车时，由于人需要一定的反应时间从而导致“手风琴”效应，车距会经历一个拉大到减少的过程。而在队列行驶中，汽车通信技术可以做到领队刹车时，其余的车辆集体刹车。

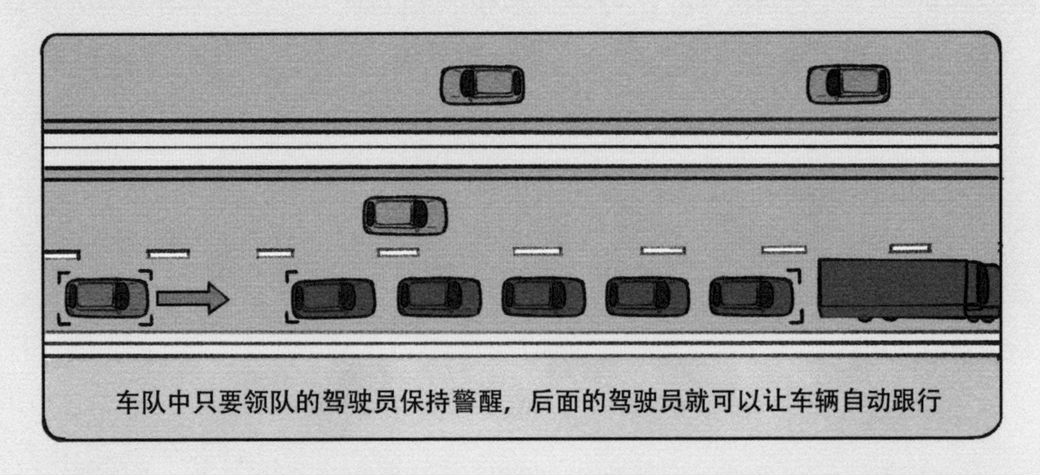

车队中只要领队的驾驶员保持警醒，后面的驾驶员就可以让车辆自动跟行

研究人员认为，如果卡车可以队列驾驶，那装备汽车通信技术的其他车辆也可以加入进来。驾驶员在未来的长途旅行中将会有更多的自由时间用来读书、工作，甚至睡觉，直到离开车队。

汽车飞天梦

逆向思维的成功

可以“飞”的汽车，不仅是“堵城”司机的幻想。早在 20 世纪 40 年代，当汽车、航空技术有了相当大的发展时，就有人预测到，飞行汽车迟早会出现。几十年来，很多发明家试图为汽车插上“翅膀”，但成功的案例却很少。原因是要把汽车“拉”上天，需要强大的动力。但为汽车提供动力的发动机的特点是：随着功率增加，质量和体积也增加。而对飞行汽车来说，当然是发动机越轻越好。所以，发动机的马力不足，加上车体笨重，使得在陆上行驶的汽车不适合飞行。

其实，与其让汽车“飞”起来，还不如让飞机变成汽车在路上行驶。把飞机变成汽车，难度相对小很多，主要需要克服的问题是：汽车车道仅宽两米左右，远远小于一般飞机的翼展。接下来要研究的，是如何让飞机收起“翅膀”，以便在车道上驾驶。

有了这个思路，飞行汽车的研究一下子从死胡同里走了出来。这个想法，是一个叫小罗伯特 · 爱迪生 · 富尔顿的人在 1946 年提出来的。他名字里的“爱迪生”来自他父亲的好友——大发明家爱迪生。

富尔顿设计的飞行汽车叫 Airphibian。为了能在路面行驶，Airphibian 被分成两个可拆开 / 连接的部分：前半部分是一辆车，后半部分是飞机的机翼和机尾。一个人仅需五分钟就能将 Airphibian 变成汽车或飞机：把庞大的后半部分卸下来，留在停机坪，前半部分就变成汽车轻装上路；挂上后半部分的机翼和机尾，就能翱翔蓝天。

科技的发明创造一定会薪火相传。一名叫莫尔顿·泰勒的发明家结识了富尔顿，并受其设计理念启发，发明了 Aerocar。泰勒发现 Airphibian 后半身的机翼部分不得不留在原地，不能和前半身的汽车一起行驶在路上的不足之处。泰勒的解决方法是：在路上行驶时，把机翼折叠起来，就像鸟一样。这看似小小的举动，却是飞行汽车发展的一大步。另外，泰勒还选用玻璃钢材料制造汽车车身，这样做大大减轻了车身质量。

陈列在美国国家航空航天博物馆的Airphibian

泰勒前后制造了 6 辆“飞天车”，至今都保存完好，现在每辆“飞天车”的拍卖价都在 200 万美元以上。其中有一辆曾在 20 世纪 60 年代飞到古巴，后来还被用来监测交通。1970 年，福特汽车公司甚至考虑生产 Aerocar 系列飞行汽车，但随后的石油危机使得这个计划未能实施。

莫尔顿·泰勒发明的Aerocar

神奇的空间认知能力

“在路面行驶时折叠‘翅膀’”，这个思路影响了后来许多飞行汽车的设计者。20 世纪 90 年代后，为了使飞行汽车真正实用化，一些专家致力于折叠式飞行汽车的研制。在商用折叠式飞行汽车市场上，可以说是“双雄对峙”。“双雄”指的是来自美国的 Transition 和来自荷兰的 PAL-V。

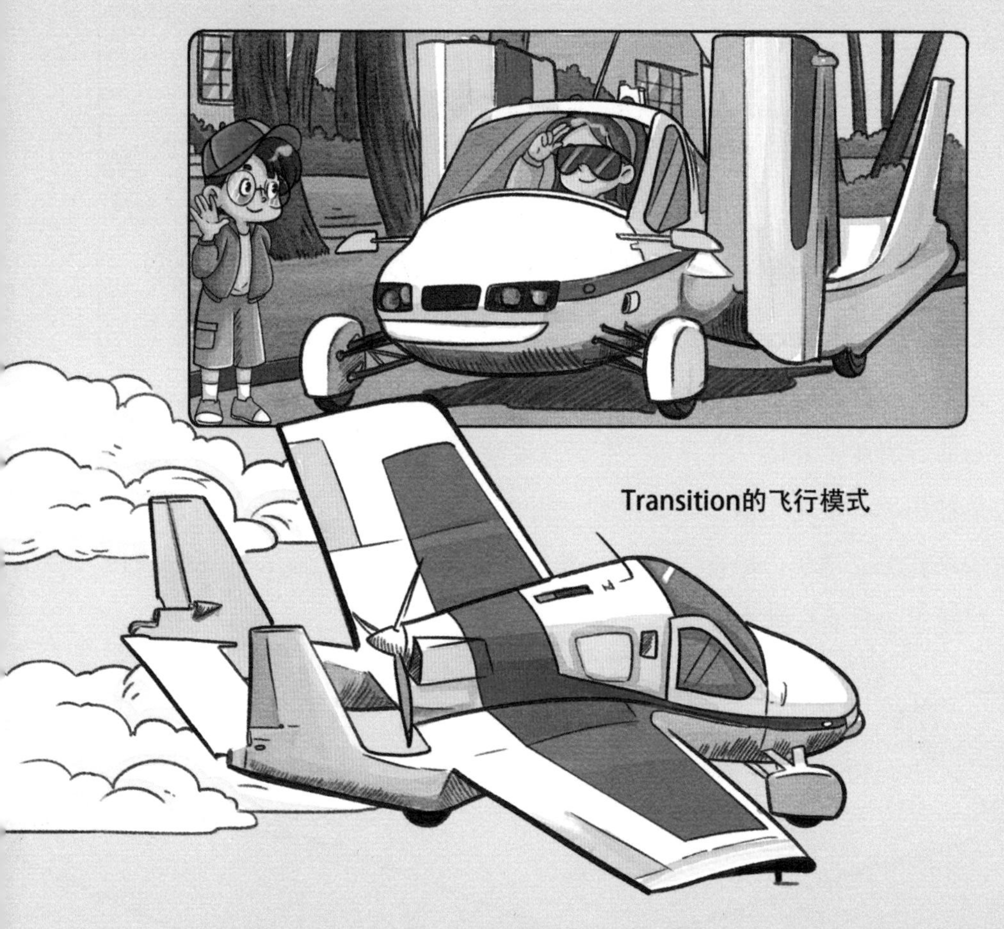

Transition的飞行模式

2009 年 3 月，Terrafugia（拉丁文里“逃离大地”之意）公司生产的飞行汽车 Transition 首次试飞成功。将“翅膀”折叠起来，它就是一辆前轮驱动的汽车，在高速公路上行驶时的时速可达 100 千米。一旦 Transition 到达适合的起飞地点，如机场或其他足够大的平坦场地，以电力控制的“翅膀”可在 30 秒内展开，配合后方的螺旋桨，启动飞车，时速可达 185 千米。它起飞时需要 500 米长的跑道，降落后可以停放在一个标准车库内。现在，Transition 已被美国航空主管部门批准投入商业生产。

由荷兰人开发的飞行汽车 PAL-V，在陆地上像一辆三轮机动车，在空中就像一架小型直升机。PAL-V 在空中和地上的最高时速均可达 180 千米。

PAL-V 的秘密藏在它的顶部和尾端。顶部可折叠的旋翼，可以通过调整转速来控制飞行高度，尾部的推进器负责提供前行的动力；尾部的自动平衡装置可保证 PAL-V 在转弯时自动倾斜，并能在 5 秒内从静止状态加速到时速 90 千米。它起飞需要滑行 50 米，着陆滑行只需不到 5 米，最高能飞到 1200 米高空，加满油后最远可飞行约 550 千米。

这款飞车专为大众设计，目标客户是深受堵车困扰的上班族。在基础设施建设不完善的地区，PAL-V 比普通交通工具更安全快捷。在发达地区，它可以帮人们省下大量堵在路上的时间。

荷兰的飞行汽车 PAL-V 在地上是辆三轮车，到了空中就是直升机

像蜂鸟一样飞翔

前面介绍的飞行汽车都有机翼，起飞时都需要长短不一的滑行跑道，而保罗·穆勒博士发明的 Skycar 却另辟蹊径，它可以像直升机一样垂直起降，而且没有机翼。

这辆飞行汽车的发明，与 60 年前的一只蜂鸟有关。当时穆勒还只是个小学生，路边看到的一只蜂鸟让他目瞪口呆：它时而悬停于空中，时而平移，时而垂直上下移动，还可以倒退！它能在一瞬间飞到很远的地方。这种不可思议的飞行方式令穆勒萌生了“制造一辆像蜂鸟一样能全方位移动的汽车”的想法。

中学时代，他整日沉浸于用废弃的汽车零部件组装汽车，并从 15 岁起就开始着手组装直升机。后来，他学习了航空动力学，获得博士学位，并担任加利福尼亚大学戴维斯分校航空动力学教授。无论是理论水平还是实际动手能力，他都出类拔萃。

为了实现童年的梦想，穆勒花掉 2 亿美元终于发明了旋转发动机和 Skycar。旋转发动机的体积只有传统发动机的 1/8，质量只有传统发动机的 1/4，却能输出相同的功率，因此拥有非常高的功重比。很多人诧异 Skycar 没有飞机的机翼，也没有直升机的旋翼，是怎么飞起来的呢？其实这和它的旋转发动机有关——风扇和排气管可变换角度。起飞时，排气管垂直向下排风，产生向上的推力；到达一定高度后，排气管向后转动，又产生向前的推力。

Skycar 飞行最高时速可达 560 千米，如果在公路上行驶，最高时速为 225 千米。除此之外，Skycar 起飞仅需 10 米的滑行距离，并且能在 1 分钟内爬升到 2000 米的垂直高度。Skycar 可以在火灾中直接开到高层建筑窗外开展救援工作。因为没有旋翼，而且体形小，所以救援更方便。凡是直径达到 10 米的地方，如建筑物的屋顶，都可以做它的停“车”坪。

Skycar 除在民用方面可以缓解交通外，还有很多潜在的军事用途，如搜索与救援、医疗救助、警用、边境巡逻、缉毒等。

超高速管道车

超高速管道运输系统

超高速管道运输系统的构想出自埃隆 · 马斯克。马斯克是特斯拉汽车公司的老板、美国太空探索技术公司（SpaceX）的创始人。他十分厌烦美国加利福尼亚州的高速路堵车、上班通勤时间长的现状。为此，马斯克提出了解决方案——超高速管道运输系统。这个想法一提出就获得很多人的支持。一夜之间，各种建设资金涌进，多家企业集结在一起谋划如何打造这个系统。

那么，什么是超高速管道运输系统呢？在马斯克的描绘中，超高速管道运输系统包括在两大城市间架设两根巨大管道。胶囊状的管道车携带乘客在低压密闭的管道中“嗖”地一下以 1200 ~ 2900 千米的时速从一座城市到达另一座城市。

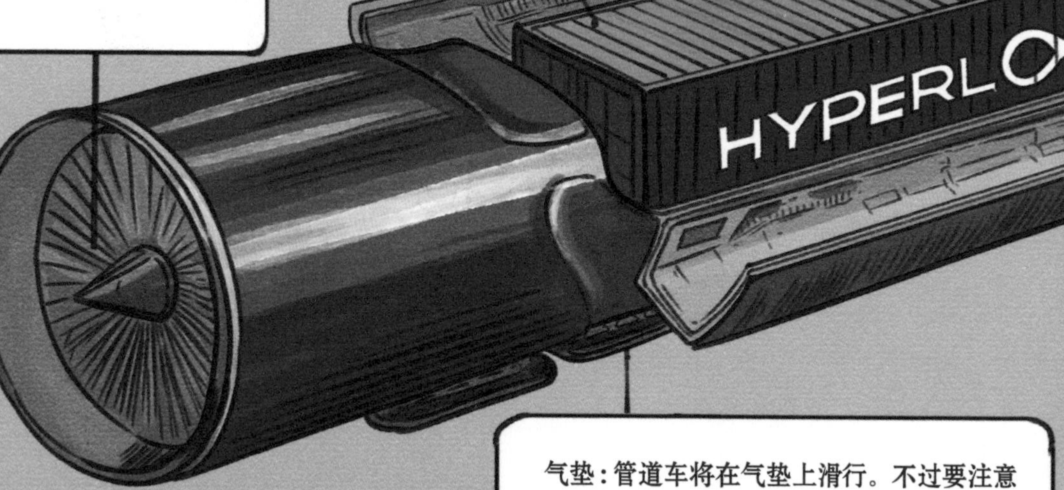

压缩机：在管道车的前部安装一个巨大的电动压缩机风扇，把车前的空气导流到车后。如果没有它，车体会顶着整个管道系统内的空气往前跑。
有效荷载：管道车长 70 英尺（约 21.34 米）足够承载一个长 12.2 米、宽 2.44 米、高 2.59 米的集装箱，可以承重 68000 磅 (30.84 吨)，并且理论上从 0 加速到 1200 千米/时，只需不到 1 分钟。
低气压管道：管道车将在接近真空的管道中运行，这样可以显著地减少阻力。
HYPERLO
气垫：管道车将在气垫上滑行。不过要注意的是，可能需要安装一个起落架以便停车。

“Hyperloop One” 公司提出的管道车车舱

超高速管道运输系统有三个主要技术：

1. 管道。一个像巨大的吸管一样的密封空间，将两个遥远城市相连。管道里面的气压是受到控制的。

2. 推进系统。马斯克在特斯拉的电动汽车上展现了创新。或许空气推动是一种选择，但很多人认为电磁效应产生的力更可靠。

3. 客舱悬浮系统。悬浮系统可以降低摩擦力，是高速行驶的一个理想选择。

马斯克指出，利用空气可以令车体悬浮，还可以清除前进过程中的大型障碍物。马斯克的想法是，在车舱前安装一个电动压缩机风扇，当列车穿过管道，车前的空气将被压缩，通过车底部的排气孔排出。

吸走车前的空气也能阻止壅塞流态。当车受到推力穿过密闭的管道空间时，车头前方会产生气压，当速度接近 1 马赫，压力就会增加，到达一定程度时，车身周围的空气流动会限制管道车达到更高的速度。如果想提升速度，就得改变车头方向的压力。

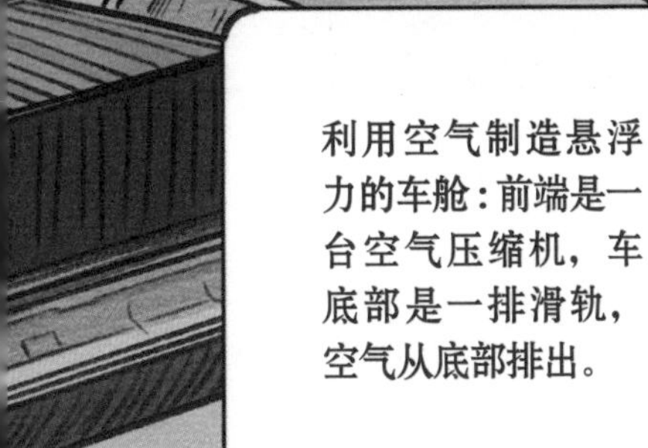

利用空气制造悬浮力的车舱：前端是一台空气压缩机，车底部是一排滑轨，空气从底部排出。

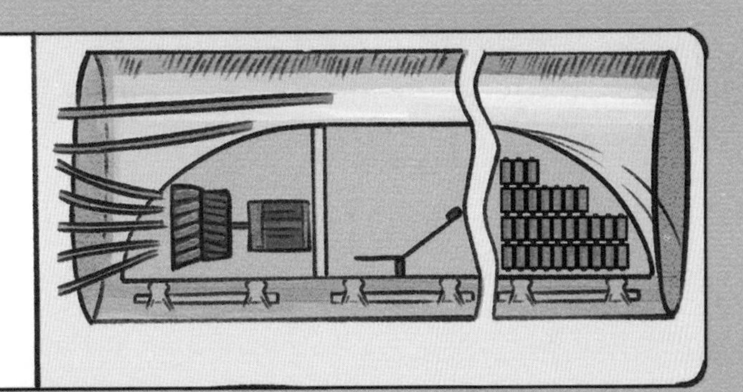

推进力：管道车在管道中行驶可以利用电磁力推进。它是借由磁场产生动力，但并不产生悬浮效果。

X系统

虽然有了蓝图，但什么样的车能在实际的管道中实现高速行驶呢？核心的推进系统和悬浮系统又是什么？它又怎么安全地停下来？对于这些未知，大家正在尝试各种可能性。

美国太空探索技术公司（SpaceX）为推动超高速管道运输系统的实现举办了竞赛。他们邀请大学生和独立的工程师团队来设计、建造可以运转的高速管道车。这需要考虑一系列工程问题：不仅要能推动运载物，而且要让它保持在轨道上，然后是能停下来。

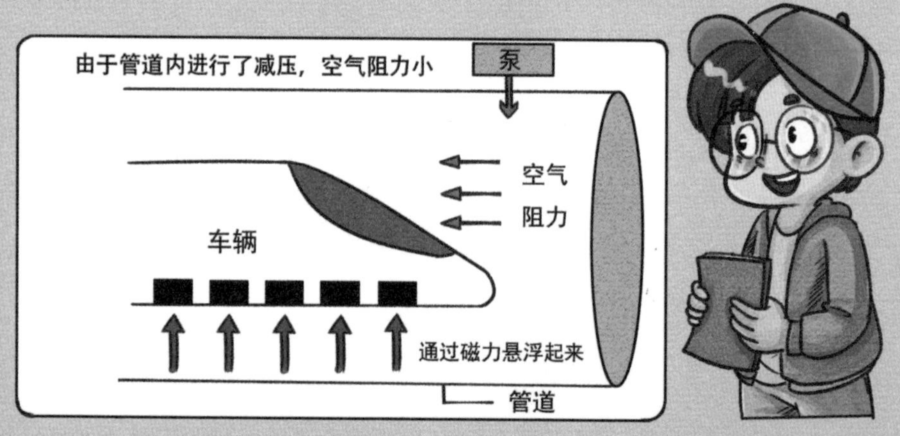

比赛分为两个阶段：第一个阶段为方案设计。竞争者要提交车的设计方案。设计阶段的获胜者可以进入第二阶段。第二阶段就是管道车的落地评测。最终，麻省理工学院取得了第一阶段的胜利。麻省理工学院的管道车模型长2.5米，重250千克，时速约369千米，它的两侧轮子和前端装有液压制动系统。它选择的是电动悬浮技术，整个系统由磁铁阵列和导电板组成。麻省理工学院的试验车型用的导电板是铝制的轨道，电流通过导电板后产生磁场，与磁铁相斥产生升力和拉力。设计还包括两个侧向稳定模块，用来保证车舱在轨道内的稳定。他们使用的是外部推进器，这样车舱不需要发动机，可以减轻质量。

安全第一

在管道里以 1200 千米的时速行驶，是不是让你想到安全问题？超级管道交通要成为现实，就必须有人愿意迈进这些时髦的车舱。因此，安全成为首要问题。2016 年 1 月，罗切斯特技术学院学生设计的超高速管道车凭借安全和通信子系统赢得了“特别创新奖”。罗切斯特技术学院有一个著名专业——成像科学。这门学科包括记录、处理、显示和分析图像信息，目的是远程探测物体，利用探测数据生成图像，用图像帮助人们理解事物。

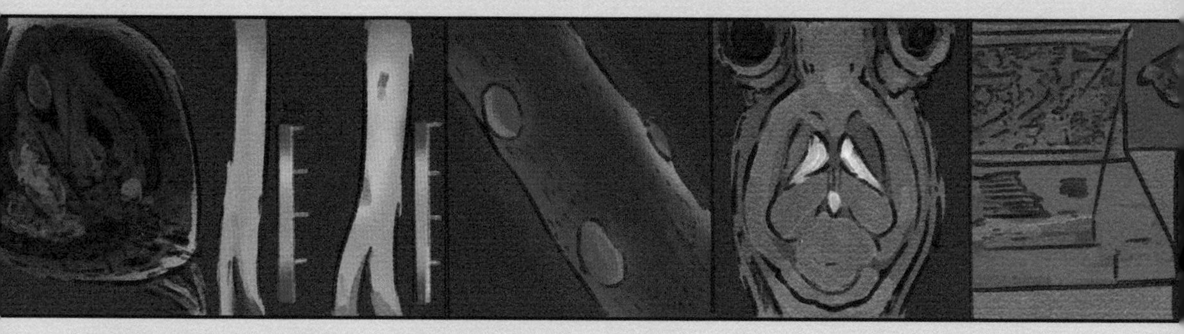

图像科学可以用于血管造影、脑成像、地理探测等多个领域

成像科学专业的学生采用“速度对上速度”的方式。当车舱以音速或超音速在管道中飞驰，即便是速度最快的摄像机也无法捕捉到高速管道中的问题。唯一可以查看车舱是否安全的视觉工具基于一种称为“结构光”的技术。

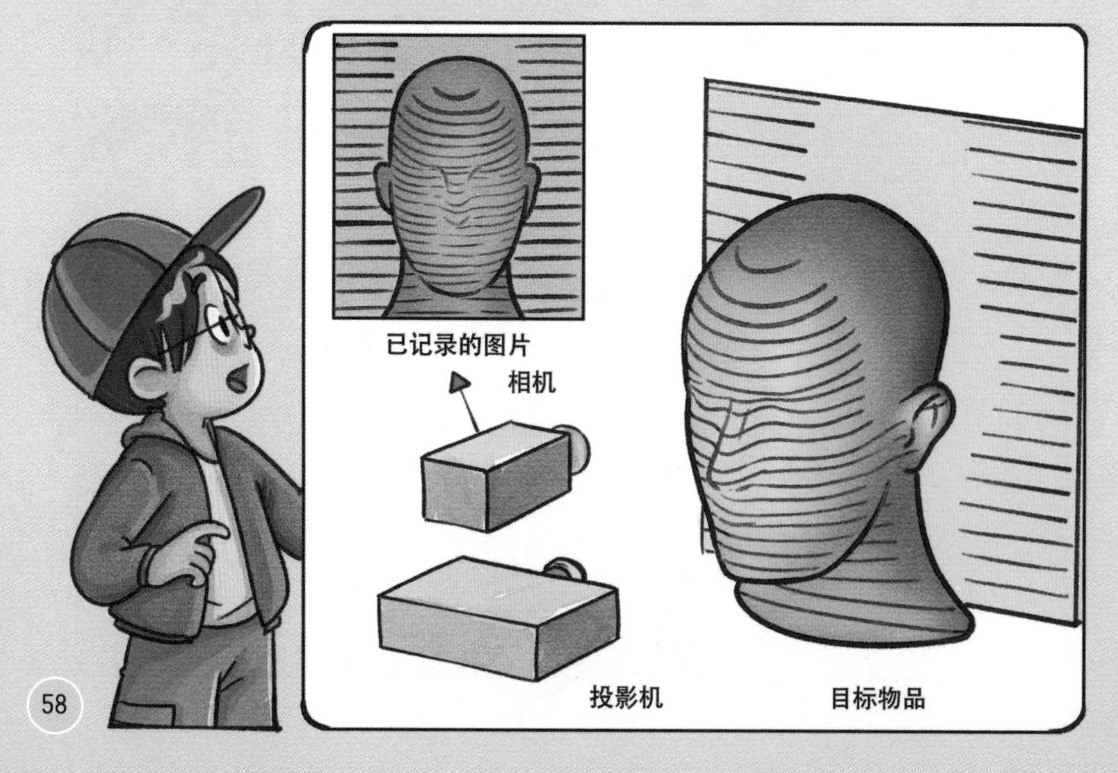

“我们发明的系统使用了结构光。”克里斯蒂娜·卡努齐解释说，“打个比方，你站在一台投影仪前，投影内容落在你脸上，文字或图像会呈现一个曲面的弧度，而不是平面的。结构光通常用在一些科学项目中，为固定的物体绘制三维地图。但从没有人在这么高速下使用这项技术。因此，我们的安全子系统的核心问题就是它能否跟上 1200 千米的时速，这还是车舱的最低时速。通过使用结构光成像系统，可以捕捉车舱的全部信息，车舱有多快，成像系统处理的速度就有多快。我们不会错过任何事情。”

结构光

1　　2　　3　　4

利用结构光可以轻松完成 3D 扫描，只需要一对摄像头和一台投影仪（图 1）。用编码不同的结构光照射要扫描的物体，拍下照片（见图 2、图 3），利用电脑程序重构生成 3D 图像（见图 4）

常规的隧道立体探测采用结构激光扫描，对隧道断面的椭圆形轮廓进行测量，看看这个断面的形状有没有异常。

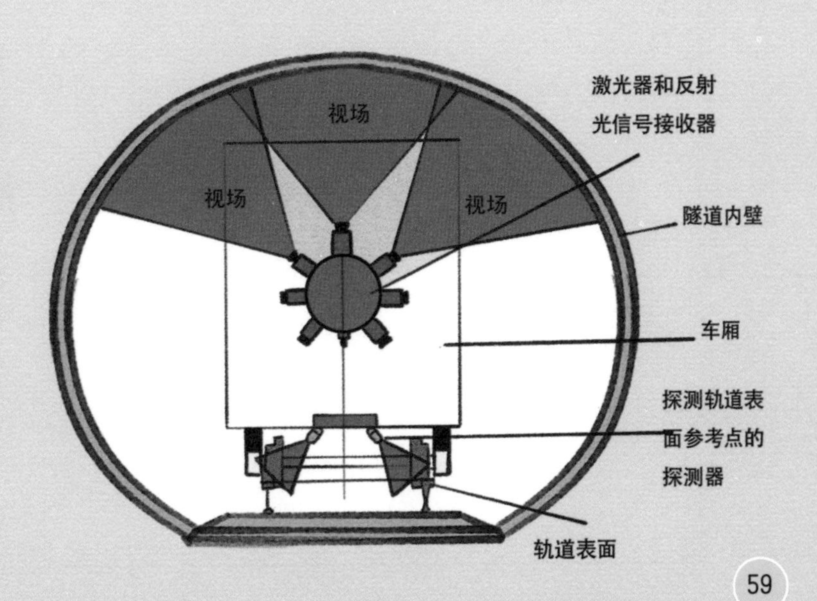

未来科学家小测试

1. 世界上第一个使用流水线模式的人是（ ）。

A. 亚当·斯密

B. 亨利·福特

C. 亨利·莫兹利

D. 伊莱·惠特尼

2. 世界上第一辆投入实际使用的汽车诞生于（ ）。

A. 英国

B. 法国

C. 德国

D. 美国

3. 无人驾驶汽车上的激光雷达相当于人的（ ）。

A. 手

B. 眼睛

C. 耳朵

D. 大脑

4. 下列选项中，不属于影响无人驾驶车载视觉的因素是（ ）。

A. 天气变化

B. 车辆运动速度

C. 驾驶员状态

D. 摄像机安装位置

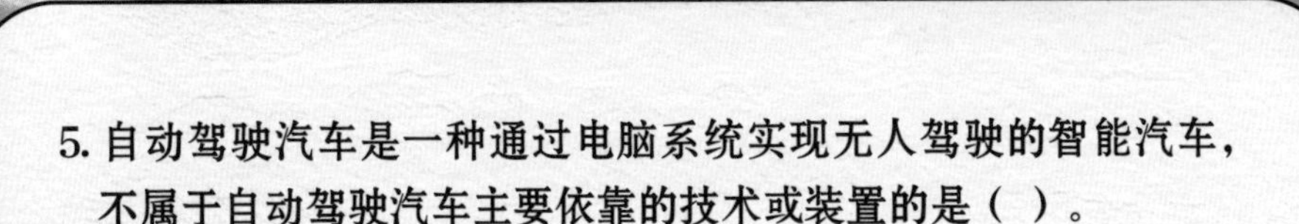

5. 自动驾驶汽车是一种通过电脑系统实现无人驾驶的智能汽车，不属于自动驾驶汽车主要依靠的技术或装置的是（ ）。

A. 人工智能

B. 视觉计算

C. 自动涂装

D. 全球定位系统

6. 第一辆真正意义上的电动汽车采用的是（ ）供电。

A. 铅酸蓄电池

B. 锂电池

C. 磷酸铁锂电池

D. 石墨烯电池

7. 谈一谈你希望未来的汽车上还能实现哪些功能。

____

____

____

8. 假如你有一辆飞行汽车，你希望它是什么样子的？请你用画笔把它的样子画下来。

____

答案：1.B。2.C。3.B。4.C。5.C。6.A。

少年时编委会

图书在版编目（CIP）数据

进化中的汽车 / 小多科学馆编著 ; 石子儿童书绘. 北京 : 电子工业出版社, 2024. 7. -- (未来科学家科普分级读物). -- ISBN 978-7-121-48139-0

Ⅰ. U469-49

中国国家版本馆CIP数据核字第20245UR661号

责任编辑：肖　雪　季　萌
印　　刷：北京利丰雅高长城印刷有限公司
装　　订：北京利丰雅高长城印刷有限公司
出版发行：电子工业出版社
　　　　　北京市海淀区万寿路173信箱　邮编：100036
开　　本：889×1194　1/16　印张：24　字数：460.8千字
版　　次：2024年7月第1版
印　　次：2024年7月第1次印刷
定　　价：158.00元（全6册）

凡所购买电子工业出版社图书有缺损问题，请向购买书店调换。若书店售缺，请与本社发行部联系，联系及邮购电话：（010）88254888，88258888。

质量投诉请发邮件至zlts@phei.com.cn，盗版侵权举报请发邮件至dbqq@phei.com.cn。

本书咨询联系方式：（010）88254161转1860，xiaox@phei.com.cn。